뇌는 어떻게 자존감을 설계하는가

뇌는 어떻게 자존감을 설계하는가

잃어버린 나를
찾기 위한
뇌과학자의 자기감 수업

How does the
brain design self-esteem?

김학진 지음

갈매나무

'자기'에 대한 과학적 이해로 우리 삶을 지켜낼 수 있길 바라며

얼마 전 한 청년이 일면식도 없는 남성 행인들에게 칼을 휘둘러 숨지게 한 사건이 있었다. 충격적인 건 검찰이 밝힌 범행 동기였다. 범인은 평소 또래 남성들에게 열등감을 느꼈고, 마치 컴퓨터 게임을 하듯 젊은 남성만을 표적으로 삼아 그 분노와 적개심을 표출했다는 것이다. 이보다 더 충격적인 사건은, 올해 봄 어느 남성이 한 여성을 흉기로 33회 찔러 살해하고 자수한 일이다. 이 남성은 수사 과정에서 여성이 자신의 여자친구라고 밝히며, 살인한 이유는 그녀가 자신을 무시했기 때문이라고 말했다.

단지 열등감으로 낯선 이의 목숨을 빼앗고 무시당했다는 이유로 연인을 그토록 잔혹하게 살해하다니, 이런 일을 쉬이 이해할 수 있을까? 2016년 한국 사회를 뒤흔들었던 '강남역 살인 사건'도 범인이 평소 여성들에게 무시당했다는 이유로 불특정 여성을 향한 적개심이 폭발해 저지른 살인이었다. 어느 평범해 보이는 시민이 한순간 엽기적 살인마로 돌변한 이 끔찍한 범행들의 뒷면에는, 누군가로부터 '무시'당한 경험이 공통 이유로 자리하고 있다.

이렇듯 "나를 무시해서"라는 느낌이 최근 잇따른 흉악 범죄의 이유로 부상하고 있다. 하지만 누구나 살아가면서 한 번쯤 겪었을 '무시'가 인명을 무자비하게 앗아갈 위력의 동기가 된다는 데 공감하기란 아무래도 쉽지 않다. 무시당한다는 감정은 생물학적으로 어떻게 생겨나고 인간의 행동을 지배하는 걸까? 개인의 감정이 이른바 '묻지마 범죄'로 분류되는 반사회적 폭력으로 비화하지 않도록 사회적 차원에서 적절히 통제할 과학적 접근 방법은 없을까?

이 책은 최신 뇌과학 연구 성과를 집대성하고 자존감self-esteem이라는 개념을 생물학 용어로 재정의함으로써 그 질문에 답하며 시사점을 제공하고자 한다. 많은 개인적 견해와 주장을 담았지만, 그에 못지않게 이를 뒷받침할 근거를 최대한 많이 포함하고자 노력했다. 이런 근거들은 이해하기 쉽지 않고 이 근거들을 토대로 주장을 반박하기란 더욱 어렵다. 그럼에도 불구하고 근거를 이해하는 일이 중요한 이유는 주장이 잘못되었음을 파악하기 위해 꼭 필요한 정보이기 때문이다. 과학은 언제든 새로운 근거에 의해 기존 주장이 바뀔 수 있으며, 이런 점이야말로 과학이 지닌 최고의 가치다. 다소 복잡하고 이해하기 어렵더라도 이 책에서 제시한 근거들을 이해하고, 과연 그 근거가 주장을 지지하는지 혹은 반박할 증거는 없는지 고민해본다면 더 흥미로운 독서가 될 것이라 믿는다.

■ ■ ■

이 책은 '자기self'에서 출발한다. 이 개념을 과학으로 정의하여 설명하기란 매우 어렵다. 우리가 부지불식간에 사용하는 이 개념은 사실 의문투성이다. 나는 어떻게 거울 속에 비친 내 모습을 나로 인식할까? 나는 어떻게 나를 다른 대상이나 사람과 구분할까? 이런 간단한 질문조차 아직 명쾌하게 대답할 수 없다. 기본적으로 자기를 인식한다는 것은 결국 나와 내가 아닌 다른 것을 구분한다는 의미여서, 자기의 형성은 타인과 나와의 관계를 인식하는 첫 번째 조건이라 할 수 있다.

이렇게 형성된 자기는 타인과 관계를 맺는 과정에 핵심이 되고, 타인이라는 환경과 끊임없이 상호 작용하며 변한다. '자기'를 과학적으로 이해하는 일은 내가 속한 사회에서 자신의 정체성을 인식하며 타인과 견실한 관계를 맺고 삶을 살아가는 데 매우 중요하다. 더욱이 코로나19 팬데믹이 사회에 미친 여파와 메타버스의 출현 등으로 나와 타인, 관계, 공동체를 인식하는 틀이 격변하고 있다. 이러한 시점에 '자기'를 근본적으로 이해하려는 행위는 미래의 불확실성을 극복하고 삶의 좌표를 찾아가는 데 중대한 통찰력을 심어줄 것이다.

내가 생존하기 위해 환경을 적절히 활용하고 있다는 느낌을 '자기감sense of self'이라고 한다. 이 문장을 '환경' 대신 사회적 환경, 즉 '타인'으로 바꿔 읽으면 그게 바로 '자존감'의 개념이다. 내가 자기감을 높이기 위해 환경을 바꾸려 하거나 세상에 거는 기대를 조정하듯이, 자존감을 높이기 위해서는 타인을 바꾸려 하거나 타인에 거는 기대를 조정한다. 조정이 적정하여 적절한 결과를 얻는다면 자존감은 안정, 즉 균형 상태를 이룰 것이다. 하지만 조정이 미흡하거나 과도하면 자존감은 불균형 상태에 빠질 것이다. 자존감에 불균형이 오면 내가 타인을 무리하게 바꾸려는 과정에서 폭력을 행사하기도 하고, 내가 타인의 기대를 너무 부정적으로 추정하여 스스로 우울증이나 불안증에 시달리기도 한다.

이 책에서는 자존감이 형성되고 발달하는 과정, 또 불균형에 빠지는 과정을 체계적으로 설명하고자 뇌의 알로스테시스allostasis 기능을 소개한다. 알로스테시스는 항상성homeostasis의 불균형을 더 효율적으로 예측하고 예방하기 위해 끊임없이 외부 환경을 활용하는 생체 기능이다. 신체 기관의 불균형이 감지되면 비로소 그 원인을 확인해 복구하는 수동적 메커니즘의 항상성과 언뜻 비슷해 보이지만 개념이 아주 다르다. 지극히 미래 지향적인 알로스테시스는 유기체 전체의 궁극적 목표인 생존을 존속하기 위해 항상성 유지에 필요한 생물학적 자원을 분배하도록 설계되어 있어서 끊임없이 효율성을 추구한다.

알로스테시스는 내적 항상성을 유지해야만 하는 거의 모든 생명체가 보유한 기능이지만, 그 정교함이나 복잡함의 수준은 종마다 차이가 크다. 특히 '인간'이라는 종에서 정점을 찍는대도 과언이 아니다. 효율성을 우선하면 다양성을 희생하게 마련인데, 알로스테시스 역시 과도하게 작동하면 도리어 항상성을 방해하는 과부하가 걸릴 수 있다. 대표적으로 우울증이나 분노 조절 장애 같은 자존감 불균형은 그 원리를 알로스테시스 과부하로 설명할 수 있다.

■ ■ ■

이 책의 끝은 자존감 불균형을 해소하고 방지하는 뇌과학 기반의 방법론인 '자기 감정 인식'을 제안하는 것으로 맺는다. 자기 감정 인식이란 말 그대로 감정을 경험하는 순간 감정의 원인을 정확히 파악하는 것을 의미한다. 이는 항상성의 불균형을 더 잘 예측하고 예방하기 위한 알로스테시스의 본령이라고 할 수 있다. 사회적 보상이라는 가장 효율적인 보상을 좇느라 오랜 기간 무시되어온 다양한 욕구들이 내 안에 다시 제자리를 찾도록 도와주는 것이다.

자기 감정 인식을 통해 나의 욕구를 세분화하고 다양한 욕구의 균형을 찾을 때, 내 신체 구석구석의 모든 기관이 보내는 요구 신호들이 더는 무시되지 않을 것이다. 그리고 이 신호들은 외부 환경의 변화에도 유연하게 내 생존에 가장 유리한 선택들을 하나씩 정교하게 조각해나갈 여유를 제공할 것이다. 이 책은 알로스테시스 개념을 토대로 자기감이 어떻게 자존감으로 이어지는지 설명하며, 자존감 불균형을 해소하고 건강한 자기감을 유지하기 위해 구체적으로 어떤 노력을 기울이면 좋은지 뇌과학 관점에서 제안한다.

사실 감정이 촉발하는 순간 감정을 제대로 인식하고 원인을 파악하려 노력하기란 누구에게도 녹록한 일이 아니다. 인간의 감정이 어떤 특정 상황에서, 그것도 어떤 패턴의 반응을 만들어내는지 과학적 근거를 충분히 숙지한 전문가들만이 내담자가 겪는 감정의 원인을 당사자보다도 더 원활하게 파악할 수 있다. 뇌과학은 이러한 전문가뿐 아니라 더 많은 사람에게 감정 읽는 능력을 전해줄 수 있을 것이다. 개개인이 다분히 주관적인 언어의 세계에서 해소의 실마리를 못 찾고 속수무책으로 심각해지는 '감정'이라는 영역이 뇌과학의 새로운 언어를 만나 더 넓은 지평으로 나아가면, 근본적 해결의 실마리를 얻을 수도 있지 않을까? 이 책이 개인 그리고 사회가 맞닥뜨린 다양한 감정 영역의 문제를 새로운 각도에서 바라보고, 좀 더 체계적인 문제의식과 해결의 발판을 마련하는 데 도움이 되기를 기대한다.

같은 목적지로 가더라도 여러 갈래의 길이 있을 테고, 과학이 늘 가장 빠른 길을 제시해주지는 못할 수 있다. 과학이 찾아가는 길이 좀처럼 발견하기 어렵고 멀리 돌아가야 할지는 모르지만, 결국은 누구든 쉽게 따라올 수 있는 새로운 길이 되리라고 믿는다. 그 긴 여정에서 이 책은 시작도 아니고 끝도 아니겠지만, 길을 만들어가는 힘든 과정에 미약하나마 이바지하는 바가 있길 희망한다.

2023년 8월

김학진

차례

2부

뇌가 자존감을 방해하는 방식

4 • 알로스테시스 과부하가 위험하다

5 • 우리가 자존감 불균형에 이끌리는 이유

6 • 잃어버린 마음들, 흔들리는 사람들

3부

감정을 직면하는 뇌

7• 뇌는 어떻게, 왜 감정을 만들어내는가

8• 자존감 불균형을 해소하는 과학적 방법

1부

자존감에서 자기감으로

1

자기감의
생물학적 기원

‘프랑켄슈타인 수술’이 던진 오래된 질문

2016년 여름 한 신문사 기자의 전화를 받았다. 곧 실시할 머리 이식 수술과 관련하여 나에게 자문하고 싶다는 내용이었다. 그 순간 내 귀를 의심했다. “머리 이식 수술”이라니? 초등학생 때 읽고 흥분한 SF 《합성인간》이 떠올랐다. 이런 일이 실제로 일어난다고?

SF에나 등장할 법한 머리 이식 수술에 자원한 사람은 발레리 스피리도노프Valery Spiridonov라는 러시아 컴퓨터 프로그래머였다. 그는 선천성 척수근육위축증(베르드니히-호프만) 환자로, 근육이 서서히 약화하는 병세가 위중해져 거의 움직이지 못하는 지경에 이르자 마지막 희망을 걸고 위험천만한 수술에 나섰다. 이 수술을 집도하기로 한 장본인은 이탈리아 신경외과 전문의인 세르지오 카나베로Sergio Canavero 박사였는데, 오랫동안 실험동물 대상의 머리 이식 수술을 연구하고 시도한 끝에 살아 있는 인간을 대상으로 하는 첫 수술이어서 실험이

나 다름없었다. 2017년에 120억 원을 들여 실시할 수술에서 스피리도노프의 머리에 기증받은 뇌사 환자의 몸을 합칠 계획이었다.

하지만 이 수술은 "프랑켄슈타인 수술"로 불리며 윤리적 논쟁에 휩싸이더니 2018년에 취소되었다. 카나베로 박사는 수술을 감행할 예정이었는데 후원자가 나서지 않아 막대한 수술비를 마련하지 못한 채 불발되었다는 후문이 기사화되었다. 수술이 무산된 이유는 정확히 모르지만, 결정적 배경은 스피리도노프의 결혼으로 보인다. 그 당시 사랑하는 여인을 만나 건강한 아들까지 낳은 스피리도노프는 현재 SNS 채널로 대중과 활발히 소통할 만큼 수술에 자원했던 때의 절망에서 헤어난 듯하다. 그나저나 만약 이 수술이 실제로 시도됐다면 카나베로 박사의 계획대로 성공했을까? 수술이 성공했다면 건강한 신체를 얻은 스피리도노프는 이후 어떤 삶을 살았을까?

머리 이식 수술의 발상은 뇌와 신체를 구분하는 이원론의 관점에 기초한다. 이는 종전의 이원론적 관점, 즉 정신과 신체가 분리되어 있다고 보는 이원론에서 '뇌와 신체'로 더 정교하게 구분한 관점이다. 종전의 이원론은 과학이 발전하면서 설 자리를 점차 잃었지만, 뇌와 신체를 구분하는 이원론은 오히려 입지가 커졌다. 인간의 고귀한 정신세계를 신체와 결부하는 일에 지나치게 거부감을 표명한 이원론이 저물고, 정신을 뇌 안에 귀속시키며 또다시 신체에서 애써 떼어놓으려는 이원론이 떠오른 셈이다.

하지만 최근 뇌과학 연구에서는 뇌와 신체를 구분하는 이원론마저 거부하는 추세를 보인다. 인간의 뇌를 신체와 별개인 독립적 존재로 보기보다는 신체의 일부로 본다. 신체로서 항상성 조절 및 유지의 기능을 담당한다는 관점이다. 영혼이 신체의 주인으로 군림한다기보다는 신체를 주인으로 섬긴다고 할까. 이런 관점에서 볼 때, 한평생 섬긴 주인을 한순간 잃어버린 뇌가 새로운 주인과 원만한 관계를 이룰 수 있을까? 머리 이식 수술이 성공하더라도 이식된 뇌는 지금껏 적응해온 수술 이전의 신체(한평생 주인)와는 전혀 다른, 매 순간 알아듣기 어려운 생체 신호를 보내는 이후의 신체(새로운 주인)에 적응하느라 엄청난 에너지를 쏟아부어야 할 것이다. 특히 신경계 가소성(변화에 새롭게 적응하는 특성)이 현저하게 저하된 성인의 뇌를 다른 성인의 신체에 이식하는 경우라면 적응하기가 훨씬 더 어렵고, 어쩌면 뇌와 신체의 안정적 소통 자체가 거의 불가능할 것이다.

이처럼 뇌과학으로 접근하면 머리 이식 수술은 시도에 성공했다고 해도 탈이 날 수밖에 없는 일이었다. 그래도 발상 자체는 흥미로운 질문을 던진다. 카나베로 박사의 수술이 성공하여 스피리도노프의 뇌가 새로운 신체와 상호 작용을 하기 시작한다면 그 뇌는 과연 스피리도노프의 뇌라고 할 수 있을까? 다시 말해, 스피리도노프라는 '자기'는 본래 뇌와 신체 중 어디에 존재했고 머리 이식 수술 후 신체가 바뀐 조건에서는 어떻게 유지될까? 이런 물음은 '자기'라는 주관적이고 추상적인 개념이 어디에서 비롯하는지, 바로 인류가 오래도록 품어온 질문으로 자연스럽게 이어진다.

거울에 비친 나를 알아보는 능력

'자기'를 인식한다는 것은 인간 고유의 능력 같지만 그렇지 않다. 유인원, 돌고래, 코끼리 같은 일부 포유류도 자기를 인식한다는 사실이 최근 연구에서 속속 입증되었다. 여기서 의문이 생긴다. 동물의 자기 인식 능력은 어떻게 실험적으로 증명할 수 있을까? 바로 거울자기인식 mirror self-recognition 과제다.

'거울검사'라고도 하는 이 검사는 동물의 얼굴이나 신체 일부에 특정 표시를 한 후 동물이 거울에 비친 자기 모습의 변화를 알아채고 반응하는지 관찰하는 것이다(그림 1). 실제로 오랑우탄은 이마에 노란색 가루로 점을 찍은 후 거울을 보이면 자기 얼굴에 없던 게 생긴 그 점을 만져본다. 코끼리도 같은 처치를 하면 코로 자기 얼굴에 새로 생긴 점을 만진다. 이처럼 동물이 거울에 비친 점 찍힌 모습을 알아보고 반응하는 모습을 자기 인식의 증거로 본다.

지금까지 많은 동물에게 거울검사를 해봤는데 고등 영장류, 돌고래, 코끼리, 까치 등 소수의 종만 성공한 것으로 알려져 있다.[1] 비교적 지능이 높다고 알려진 원숭이나 개는 의외로 거울검사를 통과하지 못했다고 한다. 물론 원숭이나 개도 거울에 반응할 수는 있다. 거울에 비친 물체나 사람의 형상을 보고 어떤 반응을 보일 수는 있지만 자신의 형상을 자기로 인식하는 능력은 갖추지 못했다고 해석할 수 있다.

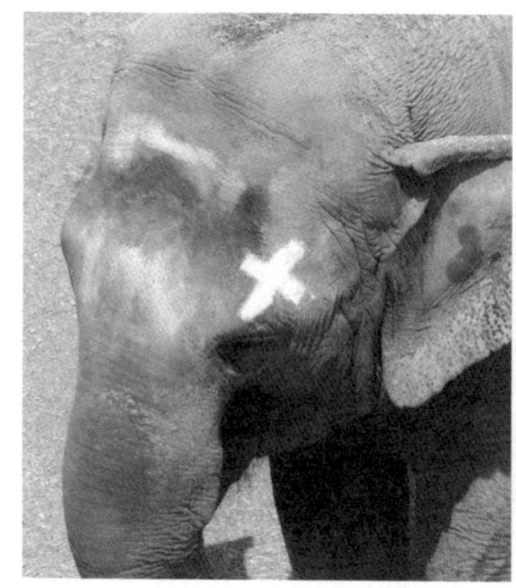

1 '자기'를 인식한다는 것은 인간만의 고유 능력은 아니다.
◀ 이마에 X 표시가 있는 아시아 코끼리의 모습
▶ 아시아 코끼리가 거울에 비친 자기 모습을 보고,
코를 사용해서 이마의 X 표시를 만지는 모습

흥미롭게도 청줄청소놀래기*Labroides dimidiatus*라는 어류가 거울검사에 성공했다.[2] 수많은 포유류도 통과하지 못한 시험을 작은 물고기가 해냈다. 다른 어류를 대상으로 거울검사를 해본 결과, 대부분은 거울에 비친 형상을 다른 개체로 인식하여 공격행동을 보였다. 청줄청소놀래기도 처음엔 그와 유사했지만 3일쯤 지나자 공격행동이 급감하면서 오히려 거울 앞에 머무르는 특이한 행동을 보였다. 그때 청줄청소놀래기의 턱 밑에 흡사 기생충처럼 보이도록 갈색 점을 찍었다. 평소 같으면 거울 속에서 기생충 모양을 알아보고 잡아먹으려는 행동을 보였을 청줄청소놀래기가 돌 위에 자기 턱을 문질러 제거하려는 행동을 보였다. 바로 거울검사를 통과한 것이다.

청줄청소놀래기 말고는 어류에서 거울검사에 성공한 종이 없었다는 점을 고려할 때 이는 매우 놀라운 결과이다. 이 작은 물고기는 어떻게 그 어려운 시험을 통과했을까? 과학자들은 특별한 생존 전략에 주목했다. 청줄청소놀래기는 주로 대형 어류 옆에 붙어서 죽은 피부 조직이나 기생충을 잡아먹으며 살아간다. 이런 습성 때문에 자신을 먹여 살려주는 고객 같은 대형 어류를 만족시키기 위한 생존 전략을 고도화하고, 그 과정에서 다른 종을 자기와 구분하여 인식하며 그들의 반응에 민감하게 반응하는 능력이 발달한 것으로 보인다. 그 결과 포유류에서도 흔치 않은 탁월한 자기 인식 능력을 획득했다고 볼 수 있다.

이 해석을 뒷받침해주는 연구 결과가 있다. 청줄청소놀래기는 자신의 고객을 만족시키고 관계를 오래 유지하기 위해 더 먹음직스러운 고객의 피부 점막 대신 기생충을 먹는데, 가끔씩 참지 못하고 피부 점막을 뜯어먹는 일종의 배신 행동으로 고객을 놀라게 하기도 한다. 그런데 다른 물고기가 자신의 행동을 지켜보는 상황에서는 고객의 피부 점막을 뜯어먹는 행동을 억제한다는 사실이 입증된 것이다.[3]

이는 잠재 고객 앞에서 자신의 평판을 훼손하지 않고 좋은 이미지를 주려는 행동으로 볼 수 있다. 자기를 인식한다는 것은 다른 개체에게서 자신과 유사한 특성을 탐지할 능력이 있다는 뜻이기도 하다. 자기를 인식할 수 있는 종들은 이러한 능력 덕분에 자신과 유사한 다른 개체와 무리를 지어 비교적 큰 사회적 집단을 이룰 수 있다. 자기 인식 능력이 사회적 행동과 직접적으로 관련된다는 말이다.

이런 해석이 흥미롭고 그럴듯하지만, 청줄청소놀래기가 여타 종과 달리 자기 인식 능력을 갖게 된 경위가 여전히 의문으로 남는다. 진화상 어떤 계기로 다른 물고기들을 자신의 고객으로 삼아 이들을 만족시키려는 생존 전략을 채택해 발전시켰는지, 그 생존 전략 때문에 자기 인식 능력이 생겼는지, 반대로 자기 인식 능력 때문에 생존 전략이 생겼는지 말이다. 자기 인식 능력, 그리고 다른 종의 기대에 부합하려는 생존 전략 간의 인과성을 규명하는 일은 '자기 인식'이라는 미스터리한 생명 현상에 한 발짝 다가가는 데 중요한 과정이 될 것이다.

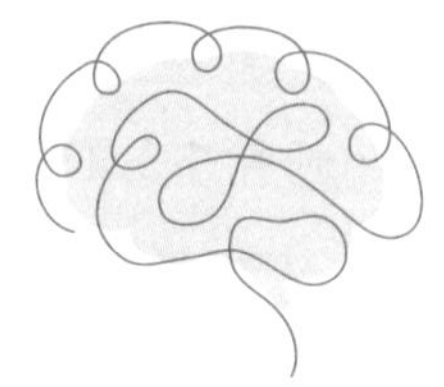

'고무속 착시'가 주는 낯선 혼돈

인간의 아기도 거울검사를 성공적으로 통과하는데, 다른 동물을 대상으로 한 연구와 달리 인간은 언어로 경험을 소통할 수 있다는 특징이 있다. 이런 장점 덕분에 인간을 대상으로 한 자기 인식 능력 연구는 훨씬 더 정교한 수준까지 이루어졌다. 그렇다면 인간은 어떻게 '자기'를 다른 개체와 구분할까?

'고무손 착시rubber hand illusion'라는 흥미로운 심리학 실험이 있다. 진짜 손처럼 생긴 고무손을 실험 참가자의 눈앞에 제시하고, 참가자의 실제 손은 참가자 스스로 보지 못하도록 가림막이나 천으로 가린다.[4] 그러고는 실험자가 참가자의 실제 손과 고무손의 같은 위치를 붓으로 동시에 쓰다듬기를 반복하면 참가자는 눈앞의 고무손을 자기 신체 일부로 실감하는 착각을 경험한다(그림 2). 어떤 고무손 착시 시연 영상에서는 붓으로 착시를 유발한 후 실험자가 고무손을 망치로 내

2 고무손 착시 실험은 오랜 세월 안정적으로 유지해온
내 신체에 대한 소유 경험, 즉 '신체소유감'이
아주 짧은 시간에도 극적으로 변하는 체험을 일으킨다.

려치는데, 이때 참가자가 자신의 실제 손을 망치로 가격당한 듯 소스라치게 놀라는 반응을 보인다.

고무손 착시는 착시를 유발하는 처치가 매우 간단한 반면에 경험은 아주 강력한 실험이다. 이 실험은 오랜 세월 안정적으로 만들어 다듬고 유지해온 나의 신체에 대한 소유 경험, 즉 신체소유감body ownership이 아주 짧은 시간에도 극적으로 변화하는 체험을 일으킨다. 세상에서 절대 불변으로 유일하게 소유하여 귀중한 나의 '몸'을 허상에 불과한 것처럼 느끼는 것이다. 왜 이런 현상이 일어날까?

고무손이 내 몸의 일부가 된 듯한 착각

고무손 착시의 심리학적·뇌과학적 기전을 규명하기 위해 현재까지도 많은 연구가 진행되고 있다. 이 연구들이 자기 인식에 필요한 가장 기본적 조건인 신체소유감을 이해하는 데 중요한 실마리를 제공해줄 것으로 기대하기 때문이다. 이 연구 자료들을 토대로 발전한 자기 인식에 관한 최신 심리학 이론에 따르면, 우리가 '자기'를 인식하는 과정은 다양한 감각 정보를 통합하는 과정과 밀접히 관련된다고 주장한다.[5]

이 이론을 이해하기 위해서 여기서 말하는 '감각'을 엄밀히 살펴볼 필요가 있다. 감각이란 외부 감각exteroception, 내부 감각interoception, 고유 수용성 감각proprioception 등 세 유형을 아우르는 개념이다. 외부 감각이란 신체 외부의 환경에서 오는 감각 정보를 말하며, 내부 감각이란 심장이나 다른 장기처럼 신체 내부의 기관에서 오는 감각 정보를 말한다. 내부 감각은 외부 감각과 달리 인식하기가 쉽지 않은데, 외부 감각보다 변화가 크지 않고 대체로 우리가 예측한 상태를 항상 유지하기 때문일 것이다. 물론 예외의 경우가 있다. 돌진하는 차량에 치일 뻔한다든지, 남몰래 좋아하는 이성이 갑자기 말을 걸어온다든지 하여 심장 박동이 거세게 요동칠 때가 그런 경우에 해당한다.

마지막으로 고유 수용성 감각이란 주로 근육이나 관절의 수용기로부터 뇌로 전달되는 감각 정보를 말하는데, 몸의 움직임 또는 신체의 공간적 위치나 상태 등을 알려준다.[6] 고유 수용성 감각 덕분에 우리는 눈을 감고도 팔을 움직일 때 이 팔이 머리 위로 갔는지 옆구리로 갔는지 바로바로 그 행방을 알아챌 수 있다. 고유 수용성 감각은 우리가 손의 위치를 매번 포착하며 살아가지 않듯이 내부 감각과 마찬가지로 인식하기가 쉽지 않다. 그래서 내부 감각의 한 종류로 포함하기도 한다. 어쨌든 내부 감각은 외부 감각보다 의식으로부터 상당히 멀어져 있는데, 우리 의식 자체가 애초부터 내부 감각보다는 외부 감각에 민감하도록 발달해왔기 때문일지도 모른다.

앞서 언급한 최신 심리학 이론 중 하나에 따르면, 우리가 외부 세계와 구별되는 자신의 신체를 인지할 수 있는 이유는 다양한 감각 정보의 지각적 경험들 간의 상관관계를 인식하고 이 감각 정보들을 통합적으로 이해하는 능력과 관련된다.[7] 고무손 착시 실험에서 고무손의 검지를 붓으로 문지르면 이 시각 정보가 뇌로 들어가 경험이 이루어지는데, 이와 동시에 실제의 검지도 그에 상응하는 촉각 정보가 뇌로 들어가 경험이 이루어진다. 이렇게 시각 정보와 촉각 정보를 각각 동시에 받은 우리 뇌는 '동조synchronization 현상'이라는 절묘한 타이밍 덕분에 두 지각적 경험을 통합하여 하나의 경험으로 해석한다.

동조 현상은 고무손이라는 객체를 나의 일부로 받아들이는 데 중요한 조건이다. 고무손과 실제 손을 문지르는 타이밍, 즉 시각 경험과 촉각 경험이 조금이라도 어긋나 일치하지 않으면 고무손 착시는 발생하지 않는다. 고무손 착시는 서로 다른 감각 정보의 지각적 경험

사이의 상관관계를 인식하고 지각적 경험들을 하나로 통합할 때 비로소 신체소유감이 생겨난다는 사실, 그리고 이 상관관계를 일시적으로 간단히 조작하기만 해도 신체소유감이 언제든 쉽게 바뀐다는 사실을 잘 보여주는 실험이다.

우리 뇌는 매 순간 다양한 감각 정보를 수집해서 이 정보들이 하나의 통합된 경험을 만들어내는지 여부를 끊임없이 검사하는 것으로 보인다. 예를 들어, 내가 눈앞에 놓인 커피잔으로 손을 뻗어 내 손가락이 커피잔 손잡이에 닿는 시각 경험을 하면, 손가락에서 커피잔 손잡이의 표면이 주는 촉각 정보가 감지되어 시각 정보와 동시에 뇌로 전달되고 하나로 통합된 지각적 경험이 이루어진다. 이런 경험은 내가 커피를 마시기 위해 나의 신체와 환경 간의 관계를 잘 이해하며 통제한다고 느끼게 하며, 바로 자기감의 가장 핵심적인 요소가 된다.

고무손 착시의 객관적 증거들

손뿐 아니라 몸 전체의 소유감을 다른 대상과 바꿔볼 수도 있을까? 이 질문은 심리학·뇌과학 연구와 연결되어 영화 〈아바타〉의 상상력이 허무맹랑하지만은 않음을 보여준다.

실제로 고무손 착시를 더 큰 규모로 확장함으로써 몸 전체를 바꾸어 인식하는 착시가 일어날 수 있음을 보여준 연구가 있다.[8] 이 연구에서는 고무손 착시 실험과 동일한 방식으로 헤드마운팅 카메라

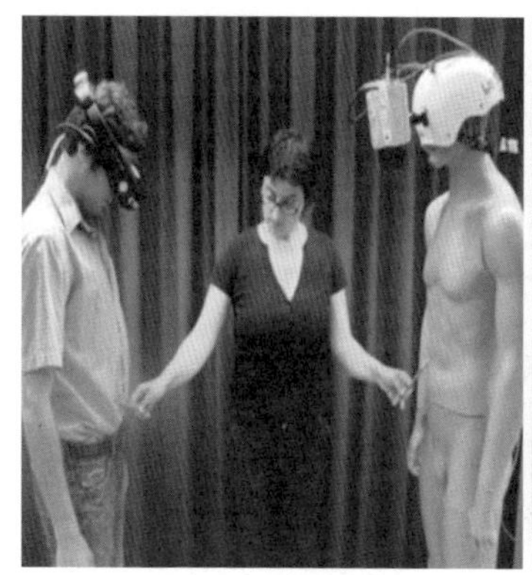
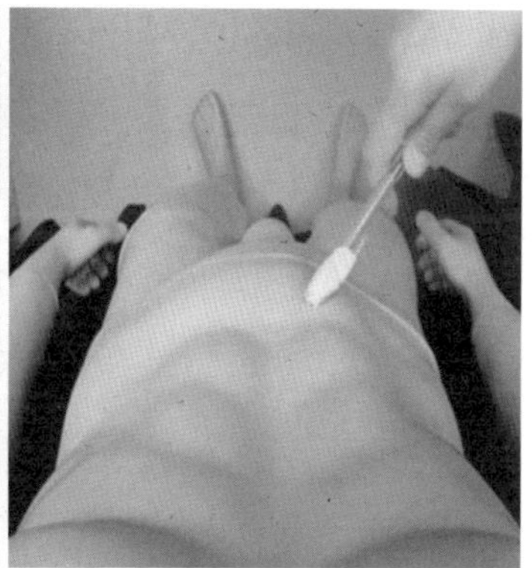

3 ◀ 헤드마운팅 카메라를 착용한 사람이 마네킹 몸을
자신의 관점에서 볼 수 있도록 설계한 인공몸 착시 실험
▶ 마네킹 얼굴에 부착된 카메라를 통해 본 마네킹의 신체

를 착용한 참가자가 마네킹의 몸을 자신의 관점에서 볼 수 있도록 하였고, 마네킹과 참가자의 같은 신체 부위를 동시에 자극했다(그림 3). 그 결과 참가자는 고무손 착시처럼 마네킹의 몸을 자신의 몸으로 착각하는 지각적 경험을 했고, 마네킹의 몸에 칼을 들이대는 순간 참가자는 일시적이지만 극심한 통증과 끔찍한 공포를 가상으로 실감했다. 하지만 이 실험은 대부분 그 근거가 참가자들의 주관적 진술에만 의존하기 때문에 객관성 결여라는 문제점을 남겼다.

그렇다면 주관적인 신체소유감의 변화를 좀 더 객관적으로 측정할 방법은 없을까? 한 가지 방법은 언어를 사용한 자기 보고 대신에 생리적 반응을 측정하는 것이다. 실험 참가자가 고무손을 자신의 실제 손으로 인식했다면, 고무손에 위협이 가해질 때 참가자는 실제 손에 위협이 가해질 때 수반되는 통증에 반응할 것이다. 그리고 이런 통증 반응은 언어로 보고되기 전에 먼저 뇌에서 특정한 활성화 패턴을 만들어낼 것이다. 이때 뇌 반응을 측정할 수 있다면 실제로 참가자가 고무손 착시로 통증을 경험했는지 여부를 객관적으로 파악할 수 있을 것이다.

기능적 자기공명영상 기법functional magnetic resonance imaging, fMRI이라는 뇌 영상 촬영 기법을 사용해 이러한 가설을 검증한 연구가 있다.[9] fMRI는 뇌의 특정 영역에서 신경세포들의 활동이 증가하면 해당 부위로 산소를 포함한 헤모글로빈이 몰리는 흐름을 추적함으로써 뇌의 어떤 부위가 활동하고 있는지 간접적으로 알게 해주는 장비다. 이 연구에서는 참가자를 fMRI 안에 눕히고 고무손 착시를 유발한 뒤 고무손에 위협을 가할 때 발생하는 뇌의 활동 변화를 측정해보았다. 그 결과, 예상대로 고무손 착시를 생생하게 경험했다고 진술한 참가자들의 뇌 부위에 유의미한 변화가 관찰되었다. 즉, 고무손에 위협을 가하는 순간 뇌섬엽insula과 전대상회anterior cingulate cortex라는 뇌 부위에서 강한 반응에 해당하는 측정치가 나왔다. 뇌섬엽과 전대상회는 이전의 많은 연구를 통해 실제로 통증 경험 시 반응하는 뇌 부위로 익히 알려져 있다. 이러한 fMRI 측정 결과는 고무손 착시가 실제로 신체소유감과 유사한 경험을 유발한다고 보는 데 충분히 객관적인 증거가 된다.

왜 어떤 사람은 착시를 더 강하게 경험할까?

고무손 착시 경험은 모든 사람에게 동일하게 나타나지는 않는다. 연구 결과 사람에 따라 강하게도, 약하게도 나타난다고 밝혀졌다. 아예 착시 자체를 경험하지 않는 사람도 있을 것이다. 고무손 착시의 개인차가 왜 발생하는지 알아보기에 앞서 착시 경험의 개인차를 측정하는 방법을 살펴볼 필요가 있다. 그 방법을 통해 사람들이 자신의 신체소유감을 지각하는 데 관여하는 신체, 즉 근육으로부터 전달되는 고유 수용성 감각 정보의 중요성을 알게 될 것이다.

한 연구에서 고무손 착시 경험의 정도를 실험 참가자의 의도나 기대가 미치는 영향을 최소화하며 더 객관적이고 정량적으로 측정하는 방법을 고안했다.[10] 검은 천으로 참가자들의 실제 손과 고무손을 모두 가린 채 참가자들이 자신의 실제 손이 놓인 위치라고 느끼는 눈금자의 해당 수치를 읽어 보고하도록 실험 설계한 연구였다(그림 4). 참

4 실제 손과 고무손을 모두 가린 실험 참가자가
자신의 실제 손이 놓였다고 느끼는 위치를 눈금자 수치로
보고하게끔 객관적·정량적으로 설계한 고무손 착시 실험

가자들이 실제로 지각한 손의 위치 대신 단순히 이전에 보고한 눈금자 수치를 기억해 똑같이 답할 꼼수를 방지하려고, 매번 눈금자의 위치를 바꾸며 실험을 여러 번 반복했다. 실험 결과, 고무손 착시를 일으켰을 때 참가자들이 보고한 손의 위치가 고무손의 위치를 따라 이동하는 것을 확인했다. 그리고 참가자들이 보고한 손의 이동 정도가 저마다 다른 것을 발견했다.

이와 같이 눈금자를 사용한 고무손 착시 검사의 공식 명칭은 '고유 수용성 지각 과제proprioceptive perception task'이다. 참가자들이 실제 손과 고무손의 위치를 볼 수 없는 검사라서 고유 수용성 감각 정보, 즉 근육에서 오는 피드백 신호로만 판단해야 하므로 그렇게 부른다. 고무손 착시는 시각 정보와 촉각 정보 같은 외부 환경으로부터 오는 감각 신호들에 의해 내부 감각의 일종인 고유 수용성 감각의 정보가 어떻게 무시되거나 왜곡되는지 보여주는 현상이라고 할 수 있다.

그렇다면 눈금자를 사용한 고무손 착시 검사를 통해 고무손 착시의 개인차가 왜 발생하는지, 개인차의 기저에는 어떤 요인들이 있는지, 이와 관련된 뇌의 기제는 무엇인지 알아보자.

'나'의 경계선을 확장하는 뇌 부위가 있다

고무손 착시를 경험하는 순간 뇌에서는 구체적으로 어떤 일이 벌어질까? 이 질문에 대한 답을 찾아가는 여정에서 우리 뇌가 신체소유감을 만들어내는 신비한 현상에 다가갈 수 있다.

그 해답을 찾아 나선 뇌과학자들이 가장 먼저 주목한 뇌 부위가 하나 있었다. 바로 측두-두정 접합부temporo-parietal junction, TPJ다. 뇌과학자들은 왜 하필 이 부위에 주목했을까? 그 이유는 TPJ 혹은 그 주변의 뇌 부위가 손상된 환자들의 경우 자신의 신체 일부를 정상적으로 인식하는 못하는 장애가 발생한 사례가 의학계에 일찍이 여럿 보고되었기 때문이다. 대표적인 사례로, 어떤 환자는 뇌 손상 후 자신의 한쪽 팔이 제 몸이 아닌 자기 조카의 팔이라고 주장하기도 했다.

특정 뇌 부위의 물리적인 연결 구조는 그 기능을 이해하는 데 매우 중요하다. 따라서 어떤 뇌 부위의 기능을 이해하기 위해서는 해부학적 위치부터 정확히 파악하여 그 의미를 추론해보는 접근법이 필

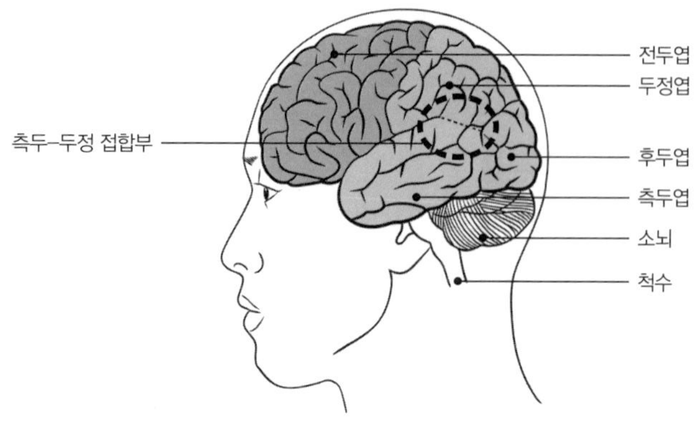

5 원으로 위치를 표시한 부분이 측두-두정 접합부(TPJ)

요하다. "측두-두정 접합부"라는 특이한 명명에서 먼저 힌트를 찾아 보자. TPJ는 청각 정보를 처리하는 측두엽temporal lobe, 촉각 정보를 처리하는 두정엽parietal lobe, 시각 정보를 처리하는 후두엽occipital lobe이 만나는 경계선에 자리한다(그림 5). 그 위치로 봐서 TPJ는 외부 환경에서 오는 시각·청각·촉각 정보가 부분적으로 공유하는 영역이라고 추측할 수 있다. 또 이 정보들을 통합하는 영역으로도 유추할 수 있다.

그럼 TPJ의 기능이 신체소유감과는 어떤 관련이 있을까? 오래전부터 학계에 보고된 바에 따르면, TPJ는 행위주체감sense of agency을 만들어내는 데 중요한 기능을 한다. 행위주체감이란 '나'의 행동을 만들어내는 주체가 바로 '나' 자신이라는 인식이나 느낌을 말한다. 예를 들어, 내가 허공에 삼각형을 그리려고 하는데 생각으로는 삼각형을 그린다면서 정작 손가락으로는 동그라미를 그리는 상황을 상상해보자. 실제로는 일어나기 어려운 일이라 기이할 텐데, 한 연구에서 실험 참가자에게 컴퓨터 모니터로 조작된 장면을 보여줌으로써 이와 같은 상황을 연출해보았다. 이 경우 실제 손가락을 움직일 때 손가락 근육에 위치한 수용기로부터 전달된 근육의 수축이나 팽창을 알리는 신호인 고유 수용성 감각 신호가 눈을 통해 전달되는 손가락의 움직임을 보는 시각 정보와 일치하지 않게 된다. 고유 수용성 감각 신호와 시각 정보가 불일치하는 조건의 이 실험에서 뇌의 오른쪽, 즉 우반구에 위치한 TPJ가 활성화되는 현상을 관찰했다.[11]

이와 유사한 실험을 가상현실 장비로도 해보았다. 참가자가 실제로 손을 움직이는 방향과 다르게 손이 움직이는 영상을 보여주었는데, 실제의 동작과 영상의 동작 사이에 방향 차이가 커질수록, 즉 불일치 정도가 증가할수록 TPJ의 활성화 수준도 함께 높아지는 현상이 나타났다.[12] 움직이는 방향은 같되 시간차가 발생하는 조건에서도 그와 비슷한 결과가 나왔다. 다른 실험에서는 참가자들에게 손을 오므렸다 펴는 동작을 시키며, 그 동작을 눈으로 보는 시간을 조금씩 지연했다. 그 결과 손을 움직이는 행위에 이어지는 시각적 피드백이 지연될수록 TPJ의 활성화 수준도 높아지는 것을 확인했다.[13]

이러한 결과는 TPJ가 행위주체감을 만들어내기 위해 다양한 감각 정보들의 일치 정도를 끊임없이 모니터링하는 기능을 한다는 것을 시사한다. 그리고 이 정보들 간에 불일치가 감지되거나 예상치 못한 사건이 발생할 경우, TPJ가 활성화되면서 해당 정보를 뇌의 다른 부위로 전달해 불일치 해소를 유도하는 역할을 담당한다고 볼 수 있다.

신체소유감 역시 여러 감각 정보가 서로 얼마나 일치하는지 검사함으로써 계측할 수 있다. 다른 사람 손가락이 내 손가락 끝에 닿는 순간의 시각 경험과 그 순간 발생하는 촉각 경험이 정확히 일치하는지 매 순간 예측하고 확인하는 것처럼 말이다. 고무손 착시 실험에서는 이러한 시각 정보와 촉각 정보는 일치하도록 조작했지만 나머지 하나, 바로 고유 수용성 감각 정보라는 내부 감각 신호는 조작하지 못했다. 다시 말해, 고무손에 붓이 닿는 시각 정보와 실제 손에 붓이 닿는 촉각 정보는 인위적으로 일치시켰으나 실제 손이 고무손과 다른 위치에 놓여 있다고 알려주는 고유 수용성 감각 정보는 그대로였다. 어쩌면 시각과 촉각 정보가 만들어내는 '나의 손'이라는 신체소유감이 고유 수용성 감각 정보의 신호가 만드는 신체소유감과 불일치할 때, 내부 감각 신호를 무시하고 외부 감각 신호가 만들어낸 신체소유감을 채택하도록 하는 역할을 TPJ가 담당하는 것이 아닐까?

고유 수용성 감각 정보가 만드는 것

TPJ가 외부 감각 정보들을 통합하여 신체소유감을 수정하는 데 중요한 역할을 한다는 가설이 맞다면, TPJ의 기능이 정지할 경우 고유 수용성 감각 정보가 만드는 신체소유감은 우세해질 것이다. 그리하여 고무손 착시 경험은 발생하지 않거나 매우 약하게 나타날 것이다.

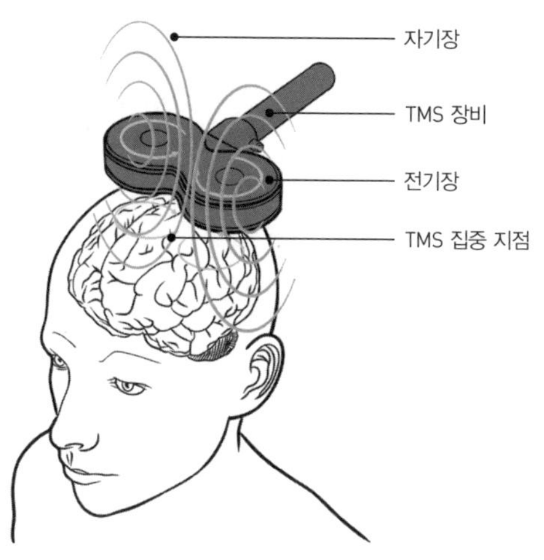

6 경두개 자기 자극법은 뇌와 행동 간의
기능적 인과관계를 규명하는 연구에서 많이 활용한다

이 가설을 검증하기 위해 뇌 손상 환자들을 대상으로 실시한 실험이 있다. 신경외과 환자의 TPJ에 직접 전기 자극을 주면 체외경험out of body experience, 즉 자신의 몸을 외부로 이탈하여 바라보는 듯한 경험이나 팔다리가 공간적으로 변형되는 착각이 일어난 것이다.[14]

하지만 뇌 손상 환자 대상의 연구 결과를 정상인에게 그대로 적용하여 일반적으로 해석하기엔 한계가 있다. 이를 극복한 연구가 경두개 자기 자극Transcranial Magnetic Stimulation, TMS이라는 뇌자극 기법을 활용한 실험이다. TMS는 대뇌피질의 표면에 강력한 자기장을 유발하여 목표 지점의 기능을 일시적으로 정지시키는 기법이며, 뇌와 행동 간의 기능적 인과관계를 규명하는 연구에서 자주 사용한다(그림 6).

최근 한 연구에서 TMS를 사용해 TPJ의 기능을 일시적으로 정지시킨 뒤 눈금자로 고무손 착시 경험의 정도를 검사해보았다.[15] 그 결과 TPJ의 기능이 정지된 참가자는 그렇지 않은 참가자보다 착시를 더 약하게 경험했다. 이는 앞서 언급한 가설을 뒷받침해주는 결과로, 신체소유감을 만들어내기 위해서는 시각이나 촉각 같은 다양한 외부 감각 정보를 통합하는 TPJ의 기능이 필요하다는 점을 시사한다.

아울러 이 연구에서 주목할 점은 외부 환경에서 오는 감각 정보들을 통합하는 기능에 방해 요인을 가했더니 오히려 왜곡 없이 정상적으로 손의 위치를 지각할 수 있었다는 사실이다. 다시 말해, 고유 수용성 감각 정보가 만드는 신체소유감이 외부 감각 정보가 새롭게 수정한 신체소유감의 훼방을 받지 않는다면 손의 정확한 위치를 무리 없이 감지해낼 수 있다는 것이다. 그렇다면 과연 외부 감각 정보는 정확한 신체소유감을 방해하기만 할까? 신체소유감을 만들어내는 데 외부 감각 정보가 담당하는 중요한 역할은 뭘까? 이 질문에 답하기 위해서는 신체소유감을 결정하는 데 내부 감각 정보와 외부 감각 정보가 담당하는 역할을 좀 더 엄밀히 구분해서 살펴볼 필요가 있다.

'나'의 경계선을 어디까지 정할지의 문제

거듭 말하자면, 고무손 착시 실험에서 주로 조작되는 감각 정보는 시각과 촉각 같은 외부 감각 정보이다. 하지만 근육에 위치한 수용기들이 뇌로 보내는 신호인 고유 수용성 감각 정보는 기본적으로 내부 감각 정보에 해당하므로, 즉 외부 환경이 아닌 신체 내부 기관에서 뇌로 직접 유입되는 감각 정보이므로 측정하기 상당히 어렵고 인위적 조작은 더더욱 어렵다.

그렇다면 내부 감각 정보가 고무손 착시에 미치는 영향을 알아볼 방법은 없을까? 이를 위해 연구자들이 착안한 방법이 있다. 바로 근육이 아닌 다른 신체 기관에서 오는 감각 정보에 민감한 정도를 측정하는 검사였다. 다시 말해, 기본적으로 내부 감각에 민감한 사람이라면 근육뿐 아니라 다른 신체 기관의 신호에도 민감하리라는 가정하에 이루어지는 측정이다.

심장이 보내는 신호

신체 내부 기관에서 전달하는 신호를 뇌가 수용해서 반응하는 것을 내수용 감각interoception이라고 한다. 개인차가 있는 내수용 감각의 민감도를 측정하는 실험을 통해 개인차와 고무손 착시 간의 상관성을 알아볼 수 있다. 위의 가정이 맞다면 내부 감각 신호에 민감한 성향인 사람은 고유 수용성 감각 신호에도 민감해서 외부 감각이 만들어내는 왜곡된 신체소유감의 영향을 덜 받을 테고, 따라서 고무손 착시도 약하게 경험하거나 아예 경험하지 않을 것이다.

내부 감각 신호에 민감한 정도와 고무손 착시가 일으킨 신체소유감 변화의 상관성을 고찰한 첫 연구는 대표적인 내부 감각 정보로 심장의 신호를 선택했다. 이 연구에서 내부 감각 신호의 민감도를 측정하기 위해 실험 참가자들은 심박수 탐지 과제를 수행했다.[16] 이 과제에서 참가자들은 심전도 기기를 장착하고 실제 심박수를 측정하는 동안 실험자의 지시에 따라 자기 심박수를 스스로 대략 추정했다. 심전도 측정치와 참가자의 추정치 간 차이를 통해 정확도를 평가하여, 차이가 작은 사람은 고민감도 집단, 차이가 큰 사람은 저민감도 집단으로 나누었다. 그러고는 눈금자를 활용한 고무손 착시 검사를 시행해 고무손 착시를 경험하는 개인차를 정량적으로 측정해보았다.

그 결과 예상대로, 저민감도 집단은 착시를 강하게 경험한 반면에 고민감도 집단은 착시를 거의 경험하지 않았다. 다시 말해, 신체 내부로부터 오는 감각 신호에 민감한 사람들은 고무손 착시를 유발해 인위적으로 조작한 외부 감각 신호가 만들어내는 신체소유감 왜곡에 강하게 저항했다. 이는 신체소유감을 경험하는 데 내부 감각 정보도 중요하다는 점을 시사한다. 물론 심장에서 오는 신호가 신체소유감에 직접 영향을 미치진 않았을 것이다. 내수용 감각 민감도가 높은 성향의 사람은 근육을 비롯해 대부분의 신체 내부 기관에서 오는 신호에 전반적으로 민감하기에, 고유 수용성 감각이 신체소유감에 끼친 영향력이 컸을 것이다. 그리고 그 결과로 외부 감각이 만들어내는 고무손 착시의 영향을 덜 받았을 것이다.

여기서 더 중요한 사실이 있다. 고무손 착시 실험의 경우 외부 감각 정보의 기능과 내부 감각 정보의 기능이 상충하는 듯하다는 것이다. 즉, 외부 감각 정보는 고무손 착시를 촉진하는 반면에 내부 감각 정보는 착시를 억제하는 것 같다. 이는 마치 내부 감각과 외부 감각이 신체소유감이라는 하나의 목표를 두고 경쟁하면서, 실제 손과 고무손 중에 어떤 것이 진짜 손인지 담판을 내려고 각자의 견해를 피력하며 자기 주장을 우기는 상황 같다.

평상시에 외부 감각 정보와 내부 감각 정보는 일치할 수밖에 없고 하나의 공통된 신체 소유 가설에 집중하여 신체소유감을 만들어내는 데 함께 기여한다. 고무손 착시 실험은 일상에서 일어나기 어려운 특수한 상황이다. 이처럼 인위적으로 조작된 외부 감각 정보가 매우 그럴듯하게 왜곡된 정보를 전달하는 이례적 상황이 발생하면, 주로 외부 감각 정보에 의존하던 사람들은 왜곡된 신체소유감을 순간적으로 강렬하게 경험한다. 반면에 내부 감각 신호 민감도가 높은 사람, 즉 신체 내부에서 오는 신호가 신체소유감을 형성하는 데 기여하는 정도가 비교적 큰 사람들은 외부 감각 정보가 왜곡해버린 신체소유감에 강하게 저항하므로 훨씬 더 약한 착시를 경험한다.

내부 감각 정보의 사령탑, 뇌섬엽

앞서 외부 감각 정보가 불일치할 때 정보를 통합하는 기능을 담당하는 TPJ가 작동하여 신체소유감을 수정한다고 했다. 그렇다면 외부 감각 정보가 아닌 내부 감각 정보는 어떤 신경학적 회로를 통해 신체소유감을 형성할까? 매 순간 의식하지는 못하지만 우리 뇌는 끊임없이 신체 내부에서 전달되는 신호를 모니터링하고 있다. 그 대표적인 경우가 심장으로, 우리 뇌는 매 순간 심장 박동을 모니터링한다. 심장 박동이 너무 빠르면 늦추고 너무 느리면 재촉하면서 적절한 범위에서 박동수를 유지하도록 조절한다. 이를 위해서는 박동수의 정보를 수집하여 예상 속도, 즉 기준점과 비교하는 과정이 필요하다. 이처럼 심장 박동을 모니터링하는 데 중요한 기능을 담당한다고 잘 알려진 뇌 부위는 바로 뇌섬엽이다(그림 7).

앞서 통증에 반응하는 뇌 부위로 언급한 바 있는 뇌섬엽은 대뇌피질의 일부인데, 뇌 속 깊숙이 숨어 있어서 전두엽과 측두엽 사이의

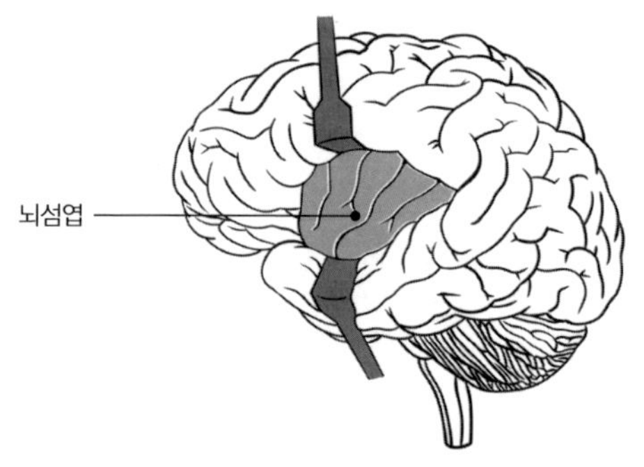

7 도구를 이용해 뇌섬엽을 드러내 보인 모습.
뇌섬엽은 내부 감각 정보를 통합한다고도 알려져서
내장감각피질이라는 별명으로도 불린다.

주름을 위아래로 벌려야만 관찰할 수 있다. 뇌섬엽은 내부 감각 정보를 통합한다고도 알려져서 내장감각피질visceroscnsory cortex이라는 별명으로도 불린다. 우리가 심장 박동수를 스스로 가늠해보려고 주의를 기울일 때 활동이 증가하는 부위가 바로 뇌섬엽이라고 밝혀졌다. 실제로 자신의 심장 박동수를 비교적 정확하게 인식할 수 있는 사람들은 뇌섬엽이 상대적으로 더 크다고 한다.[17]

그렇다면 내부 감각 정보를 통합하는 뇌섬엽은 신체소유감 형성에도 관여할까? 사실 의학계에서는 이미 오랫동안 신체소유감 결정에 뇌섬엽이 중요한 역할을 담당한다는 데 주목해왔다. 뇌 손상 환자들의 행동 변화를 관찰하는 과정에서 뇌섬엽 역할의 중요성을 입증하는 대부분의 근거가 나왔다. 뇌섬엽이 손상된 환자들은 자기 신체를 인식하는 데 두 가지 특이한 양상을 보였다.[18] 하나는 자기 신체의 장애를 지각하지 못했다. 한쪽 팔이 마비되었거나 절단되었는데도 알아채지 못하고 제 몸이 정상이라고 여기는 환자들의 상당수가 뇌섬엽이 손상된 상태였다. 또 하나는 자기 신체를 자신의 것이 아닌 타인의 신체로 오인했다. 한 75세 여성 환자는 수면 중 낯선 누군가가 자기 몸을 만지는 느낌에 소스라치게 놀라는 경험에 시달리다가 내원했는데, 자신의 왼쪽 팔이 다른 사람의 팔인 줄 아는 증세를 보여서 검사해본 결과 오른쪽 뇌섬엽이 손상된 것으로 밝혀졌다.

앞서 고무손 착시의 객관적 증거를 살펴보면서, 고무손 착시를 강하게 경험한 사람들의 경우 고무손을 바늘로 찌르는 시점에 뇌섬엽의 활동이 급증했음을 알 수 있었다. 이 결과는 고무손을 자신의 실제 손으로 완전하게 지각함에 따라 뇌섬엽의 기능도 왜곡된다는 증거이지 않을까? 뇌섬엽이 만들어내는 신체소유감은 TPJ가 만들어내는 신체소유감과는 다소 차이가 있을 것이다. 하지만 내부 감각 정보와 외부 감각 정보가 만들어내는 신체소유감이 일치하는 평상시에서 벗어나는 특수한 경우가 아니라면 그 차이를 경험하기 어려울 것이다. 엄밀히 말해 뇌섬엽은 자신의 실제 몸에 속한 기관들이 보내는 정보로 정확한 신체소유감을 만들어내는 데 기여하는 것으로 보인다. 한편으로 TPJ는 고무손 착시 실험 같은 특수한 상황에서 평상시와 달리 외부 감각 정보가 신체 변화를 왜곡해서 알리는 조건일 때, 외부 감각 정보를 토대로 수정된 신체소유감을 만들어내는 데 기여하는 것으로 보인다.

뇌에도 보수와 진보 간 세력 다툼이 있다

지금까지 다룬 고무손 착시 관련 연구 결과들을 종합해보면 다음과 같은 결론을 얻을 수 있다. '나'를 구성하는 신체소유감을 형성하는 데에는 신체라는 내부 신호와 환경이라는 외부 신호가 사용된다. 여기서 주목할 점은 사람마다 자기 신체의 범위를 규정하는 데 내부 신호와 외부 신호를 사용하는 비율이 다르다는 것이다. 자기 신체의 범위를 정의하기 위해 주로 내부 신호에 의존하는 사람도 있고, 주로 외부 신호에 의존하는 사람도 있다. 두 부류 간의 명확한 경계를 찾기란 쉽지 않을 텐데, 이처럼 자기를 정의하는 방식의 개인차가 삶을 영위하는 방식에서 어떤 심리적·행동적 차이로 이어지는지 이해하는 것은 앞으로 심리학과 뇌과학이 밝혀야 할 매우 흥미롭고 중요한 목표가 될 것이다.

내부 감각 정보와 외부 감각 정보는 각각 뇌섬엽과 TPJ를 중심으로 서로 다른 신경 회로를 사용한다. 두 회로는 평상시에 긴밀하게 상호 작용하며 신체소유감 형성 과정에 협력하지만, 고무손 착시 실험처럼 신체 내부 신호와 외부 환경 신호가 불일치하는 특수한 상황이 발생하면 각자가 담당한 기능의 존재감을 높이기 위해 경쟁하는 양상을 띤다.

이는 마치 신체소유감이라는 제한된 자원을 얻기 위한 보수와 진보 간 세력 다툼처럼 보이기도 한다. 뇌섬엽은 나의 신체라는 경계를 제한하고 그 범위에서만 신체소유감을 규정하려는 보수적 세력이다. 반면에 TPJ는 신체라는 물리적 한계를 넘어 외부 환경으로 자신의 범위를 확장하려는 진보적 세력이다. 전자는 안정성을 추구하고 후자는 유연성을 추구한다. 나의 생존에 필요한 신체소유감을 안정적으로 유지하되 환경 변화에 따라 수정하고 확장해가려면 두 신경회로가 긴밀하면서도 조화롭게 협력해야 할 것이다. 이들 간의 상호견제와 협력을 통해 '나'라는 범위의 한계는 축소와 확장을 반복하며 역동성을 띤다. 그리고 이 역동성은 생존을 위해 지켜야 할 '나'의 경계선을 나의 신체, 가족, 집단, 국가, 인류 중 어느 범위까지 확장할지 결정하는 데에도 영향을 미칠 수 있을 것이다.

미래의 나를 예측하는 뇌

안정적이고 유연한 신체소유감으로 '나'를 확장해가는 과정에서 가장 핵심적인 뇌의 기능은 바로 예측이다. 우리가 의식하든 못 하든 간에 뇌는 신체의 다양한 변화를 놓고 이유를 파악하며 해석하려 끊임없이 노력한다. 이로써 미래의 신체 변화를 예측하고 대비하고자 한다. 이와 같은 뇌의 예측 기능은 우리가 나와 내가 아닌 것을 구분하며 자기라는 개념을 형성하고 수정하거나 확장하는 데 원동력이 된다.

뇌의 예측 기능을 매우 정교하게 설명해주는 최근 이론으로 능동적 추론 이론Active inference theory이 있다. 이 이론에서 우리의 주관적인 신체소유감을 언급한 대목을 살펴보면, "신체 소유 경험은 신체의 생리적 변화를 유발한 내부적 혹은 외부적 원인에 대한 우리 뇌의 능동적인 추론에 의해 결정된다."[19]

이 내용이 조금이라도 와닿는 데 찌개 끓이는 상황 묘사가 도움이 될지도 모르겠다. 냄비 뚜껑을 닫지 않고 찌개를 팔팔 끓이다가 뜨거운 국물이 손에 튀면 우리는 반사적으로 손이 움츠러들며 깜짝 놀란다. 끓는 물이 내 손에 닿은 것은 일정한 범위 내의 안정적 신체 상태를 크게 벗어난 사건이다. 신체 상태가 일정한 범위 내에서 안정적일 것이라고 기대한 나의 뇌는 이 기대를 깨는, 뜨거움을 알리는 감각 정보를 감지한다. 기존의 신체 상태, 그리고 뜨거운 국물이 튀어 변화한 신체 상태 간의 차이는 '놀람'을 결정하는 핵심 요인이다. 이때 나는 반사적 행동으로 냄비 근처에서 손을 치우고 손에 튄 뜨거운 국물을 재빨리 없앨 것이다. 이 행동은 나의 뇌가 기대한 바를 벗어난 감각 정보를 회피하여 뇌의 애초 기대대로 신체 상태를 되돌리려는 반응이다.

이러한 반사적 행동이 성공하면 나는 신체 상태를 일정한 범위 내에서 안정적으로 유지하는 데 필요한 내적 모형internal model에 그 행동을 추가한다. 그리고 추가한 내적 모형에 새로운 정보로 '끓는 물 옆에서는 손을 움츠려야 한다'는 내용을 넣는다. 나의 뇌는 이렇게 수정한 내적 모형을 사용하여, 손에 끓는 물이 닿기 전 미리 손을 움츠림으로써 '놀람'을 피할 수 있다. 내적 모형이란 신체 상태를 일정한 범위 내에서 안정적으로 유지하기 위해 뇌가 취할 만한 다양한 선택의 총합이라고도 할 수 있다. 내적 모형에 끓는 물이 튀기 직전 손을 움츠리는 선택을 추가할 수도 있고, 아예 물을 끓이지 않는 선택을 추가할 수도 있다.

그럼 이번엔 고무손 착시를 능동적 추론 이론으로 들여다보자. 고무손 착시를 경험하는 참여자의 뇌는 외부 감각 정보와 내부 감각 정보의 예상치 못한 불일치를 감지하면 이를 해소하고 좀 더 정확하게 상황을 파악하려 노력할 것이다. 이때 뇌가 취할 수 있는 전략은 크게 두 가지로 보인다. 첫 번째는 자신의 실제 몸에 관한 내적 모형을 수정하는 전략으로, 고무손이 진짜 손이라고 믿는 생각을 만들어냄으로써 불일치 상황을 해소하는 것이다. 두 번째는 고유 수용성 감각에 더 의존하여 내적 모형을 유지하는 전략으로, 고유 수용성 감각에 더 집중적으로 민감해짐으로써 불일치 경험을 줄이고 왜곡된 외부 감각 정보를 무시하는 것이다. 내수용 감각에 비교적 민감한 사람은 주로 두 번째 전략을 선택할 테고, 이들은 착시 유발 신호들에 저항하면서 내적 모형의 수정을 거부할 것이다. 반면에 주로 외부 감각에 의존하는 사람들은 첫 번째 전략을 취해 내적 모형을 수정할 테고, 그 결과 고무손 착시를 강하게 경험할 것이다.

카그라스증후군의 무의식 회로

능동적 추론 이론은 거의 모든 정신 질환의 기저 원리를 설명하는 데에도 사용한다. 우울증, 조현병, 망상 장애 같은 질환들도 여기 해당한다. 그중 필자가 개인적으로 가장 흥미로워하는 카그라스증후군

Capgras delusion에 대해 알아보자.

데이비드는 교통사고로 심각한 두부 손상을 입고 오른팔마저 잃은 채 약 5주간 의식 없이 살았다. 의식을 회복하고는 모든 정신 기능이 거의 정상으로 돌아온 듯했으며, 언어적 표현력은 풍부하고 지능도 높은 수준이었다. 그런데 특이한 모습을 보였다. 자신의 부모가 양친 모두 실제 부모가 아니라고, 다른 사람들로 바뀌었다고 주장했다. 매일 아침 그를 위해 먹을거리를 준비해주는 여성은 그의 어머니와 흡사하지만 어머니보다 요리를 더 잘하는 다른 여성이고, 그의 아버지 또한 아버지와 흡사하지만 아버지보다 운전을 더 잘하는 다른 남성이라고 굳게 믿었다. 사실 이 모든 생각은 데이비드의 착각이다. 데이비드의 부모는 사고 전후 다른 사람으로 바뀔 리 없이 그대로였다.

결국 데이비드는 검사 결과 진단을 받았는데, 바로 카그라스증후군이었다. 이는 매우 희귀하다고 판명된 환각적 증후군으로, 1923년 프랑스 정신과의사인 카그라스가 처음 발견하여 학계에 보고하였다. 공식 의학 명칭도, 진단 체계도 엄연히 있지만 여전히 받아들이기 어려운 정신 질환이다. 주변 사람들 눈에는 환자가 그저 멀쩡한데 헛소리하는 모습으로만 보이기 때문이다. 데이비드는 어쩌다 카그라스증후군을 앓게 되었을까?

데이비드가 보인 증세를 관찰하고 연구한 미국의 라마찬드란 박사Vilayanur S. Ramachandran는 하나의 가설을 제시했다. 다른 사람의 얼굴을 인식하는 기능을 담당하는 뇌 부위가 존재하며, 카그라스증후군은 이 부위로 감정 반응 신호를 전달하는 신경학적 경로가 끊어져서 발생한다는 것이다. 정상인은 일반적으로 오래도록 친숙한 어머니의 얼굴을 대하면 적절한 감정적 반응을 기대하고, 실제로 그 기대에 부응하는 신호를 받으면 비로소 자신의 판단이 맞았음을 확인한다. 이 모든 과정에 관한 진술은 원리를 설명하는 내용이고, 실상은 그런 과정이 의식할 새 없이 부지불식간에 일어나서 단지 '나의 어머니구나' 하고 저절로 알아볼 뿐이다.

이와 같이 타인의 얼굴을 인식하는 과정, 나아가 데이비드 같은 카그라스증후군 환자가 보이는 증세를 생물학적으로 이해하는 데 능동적 추론 이론을 사용한다. 이 이론을 토대로 어머니의 얼굴을 알아보는 과정을 살펴보면 다음과 같다.

일단 '어머니의 얼굴'이라는 시각 정보가 뇌로 들어오면 그에 따라 발생할 만한 감정적 반응을 뇌가 예측한다. 그런데 감정적 반응을 전달하는 신경학적 경로가 손상되어서 예상한 반응이 감지되지 않으면 예측 오류가 발생한다. 그러면 먼저 뇌는 혹시 잘못 인식했을까 싶어 다른 행동을 통해 시각 정보를 수정해보는 시도를 한다. 눈을 크게 떠서 어머니의 얼굴을 다시 주의 깊게 본다거나, 다양한 각도에서 어머니를 관찰하는 등 여러 행동을 한다. 그러다가 이러한 모든 시도가 동일한 결과, 즉 나의 어머니임에 틀림없음을 알리는 결론에 도달하면 이번엔 다른 조치로 나아간다. 즉, 어머니와 흡사한 이 여성이 적절한 감정적 반응을 유발하지 않는 것을 보니 나의 예측 모형이 틀렸을 가능성이 있고, 따라서 이 예측 모형을 수정할 필요가 있다고 깨닫는다. 그 결과로 수정한 예측 모형은 이 여성이 나의 어머니와 겉모습은 완전히 동일하지만 실제로는 로봇이나 외계인처럼 어머니를 그대로 흉내 내는 다른 존재라고 믿게 한다. 데이비드는 실제로 부모는 물론 자기 자신도 자기와 흡사하게 생긴 다른 존재라고 믿었는데, 이러한 카그라스증후군 증세의 원리 또한 능동적 추론 이론으로 동일하게 이해할 수 있다.

물론 위와 같은 해석은 어디까지나 이론적 가설에 입각한 것이다. 이러한 해석을 입증할 명확한 과학적 근거는 아직 없다. 그럼에도 카그라스증후군이라는 흥미로운 정신 현상, 그 현상을 설명함직한 능동적 추론 이론은 자신과 타인에게 갖는 믿음에 대하여 어렴풋이나마 이해할 수 있는 가능성을 제시해준다.

우리가 의식하지 못하는 순간에도 우리는 끊임없이 신체와 환경 간의 관계에 대해 가설을 세우고 검증하는 복잡한 작업을 수행하고 있다. 이 작업을 통해 외부 환경이 내가 예측한 그대로인지 상태를 확인하고, 그렇지 않을 경우 원인을 찾아 예측을 바꿔보는 수정 시도를 반복한다. 심지어 '나'라고 하는 개념조차 이런 무의식적 예측과 검증을 통해 끊임없이 확인이 필요한 일이라니, 그저 놀랍고 신비할 따름이다.

How does the
brain design self-esteem?

2

알로스테시스,
뇌의 생존 전략

우리 뇌가 추구하는 가장 중요한 목표

모든 생명체는 궁극적으로 '항상성'이라는 질서를 추구한다. 사실 이는 엔트로피의 증가 혹은 무질서를 향해 가는 자연스러운 물리 법칙에는 어긋나는 현상이다. 이제부터는 뇌가 생존과 번식이라는 생명의 궁극적 목적을 위해 신체 항상성을 유지하고 외부 환경을 활용하는 방식인 '알로스테시스allostasis'를 소개한다. 알로스테시스가 나를 둘러싼 주변 환경에 대한 내적 모형을 구성해가는 과정을 살펴보면서, 이렇게 형성된 내적 모형이 어떻게 자기감과 연결되는지 알아보자.

신체 항상성을 위한 뇌와 신체의 협력

신체의 항상성 유지는 생존에 필수적이다. 우리 뇌는 체온이 높아지면 이를 감지하고 땀이 나게 하여 체온을 떨어뜨리고, 체온이 낮아지

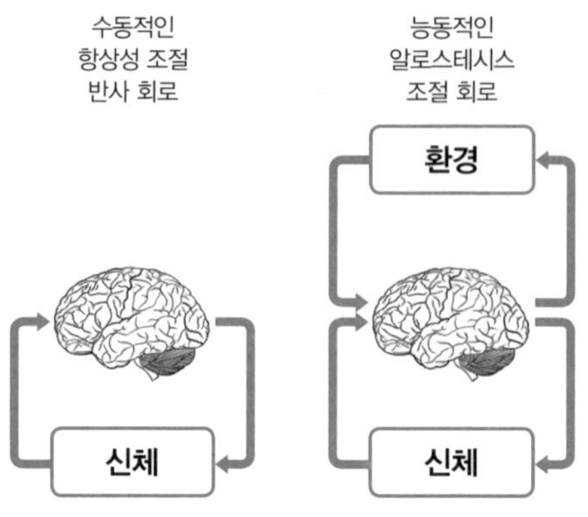

8 알로스테시스는 수동적으로 작동하는 항상성 반사 회로의 설정값을 변경함으로써 이 회로의 작동을 능동적으로 조절하는 과정을 말한다.

면 근육 긴장도를 높여 몸이 덜덜 떨리게 하여 열을 발생시킨다. 이처럼 신체 항상성의 불균형에 자동적·수동적으로 반응하는 신체 항상성 조절 과정을 항상성 반사homeostatic reflex 라고 한다.

혈압이 높아지면 뇌는 수용체를 통해 혈관 내 부피와 혈관벽 상태를 감지하여 항상성 반사 회로를 활성화한다. 수용체에 자극이 유입되어 발화가 증가하면 이 신호가 심혈관 통합 중심부로 전달되어 혈관과 심장에 대한 교감 조절이 감소하고 부교감 조절이 증가한다. 이러한 반응이 혈관을 확장하고 심장 박동을 늦추어 혈압을 낮춘다. 이처럼 신체의 각 기관은 저마다 발생한 항상성 불균형을 알리는 신호를 뇌로 끊임없이 보낸다. 그리고 뇌는 이 신호들을 수집해 각각의 요구에 알맞도록 조치하여, 각 기관이 항상성을 회복하도록 한다.

하지만 자동적·수동적으로 대응하는 신체 항상성 조절 과정은 한계가 있다. 이미 불균형이 발생한 뒤에 항상성을 회복하기란 매우 어렵고 심지어 불가능할 수도 있기 때문이다. 가장 좋은 대책은 예방이라고 하듯이, 신체 항상성이 깨지기 전에 미리 짐작하고 방지하는 능동적 대응이 필요하다. 이처럼 신체 항상성 불균형이 발생하기 전에 이를 예측하고 능동적으로 외부 환경을 활용하여 예방하려는, 유기체 전체의 전략적인 신체 항상성 유지 방식을 알로스테시스라고 한다(그림 8).[1] 알로스테시스는 생리적 또는 행동적 변화를 통해 안정성이나 항상성을 달성하는 생물학적 과정으로, 유기체가 단지 미리 정해진 설정값에 따라 수동적으로 반응하는 항상성보다 더 포괄적인 개념이다.[2]

우선순위 분배부터 예측과 예방까지

알로스테시스는 다양한 항상성 조절 메커니즘을 조율하면서 유기체 전체의 생존 유지를 위한 '총체적 관점holistic view'을 취한다는 점에서 좁은 의미의 항상성과는 차이가 있다.

앞서 소개한 자동적·수동적 신체 항상성 유지 방식과는 다른 알로스테시스의 특징은 크게 두 가지다. 첫째는 우선순위 분배다. 즉, 개체의 생존이라는 궁극적 목적을 달성하기 위해 신체의 특정 기관에서 발생한 불균형을 일시적으로 무시하거나 유보한다. 아무리 신체 항상성의 불균형이 심각한 수준으로 예상되더라도 현시점에서 비교적 덜 중요하면 우선순위에서 밀려난다. 어떤 조건에서 음식물 공급이 안 되어 개체 생존이 위급해지면 생존에 당장 필요한 영양을 긴급히 조달하려고 근육 손실과 혈액 산성도 감소가 발생하는 현상이 바로 그 예이다.

이와 같은 알로스테시스의 특징은 생리적 반응 말고도 외부 환경과의 상호 작용에서도 나타난다. 예를 들어, 극심한 배고픔에 오래 시달린 사람은 불이익이나 사법적 처벌이 예측되더라도 배를 채울 일념으로 수치스럽거나 위법한 행위를 감행하기도 한다. 극단적 허기로 불균형해진 신체 항상성을 회복하기 위한 목표가 공중도덕, 사회 규범 등 외부 환경이 요구하는 모든 목표를 압도할 만큼 최우선으로 긴급하기 때문이다.

알로스테시스의 두 번째 특징은 예측과 예방으로, 향후 닥칠 신체 항상성의 위기를 미리 가늠하고 방지하는 기능이다. 이를테면, 사막 한복판에 들어가야 하는데 갈증이 심각해져 체수분 부족으로 인한 인명 사고 발생이 우려되는 상황에서, 미리 식수와 수분 보충원을 충분히 준비하고 사막 현장 인근의 식수 공급처를 물색해 확보하는 일련의 사전 대응과 마찬가지인 셈이다. 알로스테시스의 예측과 예방 기능은 생존 가능성을 획기적으로 높이는 매우 중요한 전략이다. 이러한 알로스테시스 기능을 제대로 작동하기 위해서 뇌는 과거의 유사한 경험들을 기억하여 예측과 예방의 근거로 활용한다. 아울러 외부 환경에서 많은 정보를 수집하기도 하고, 때로는 직접 환경을 변화시키기도 한다.

이렇듯 알로스테시스는 수많은 항상성 조절 반사 신경 회로를 통합해 조직적으로 관리하는, 유기체 전반에 걸친 신체 항상성 조절 과정이다. 매 순간 변화하는 신체 상태에 따라 이들 간의 우선순위를 알맞게 배정하고, 앞으로 다가올 항상성의 불균형을 예측 · 예방하기 위해 외부 환경을 활용한다. 일생 뇌가 하는 일이란 이렇게 신체 항상성의 불균형을 예측하고 예방하기 위해 환경을 활용하여 최선의 방법을 끊임없이 고안해내는 것이 전부라 해도 과언이 아니다.

달콤함을 얻으려면 고통의 시험을 통과해야 한다

신체 항상성의 불균형을 해소해준다는 것, 이는 우리에게 가장 결정적인 '보상reward'이 된다. 따라서 과거의 경험을 토대로 다가올 신체 항상성 불균형을 성공적으로 방어해주는 대상, 즉 보상에 대해 거의 자동적이고 반사적으로 반응하게 된다. 스트레스가 차오를 때 초콜릿 간식 먹기, 다리 아플 때 높다란 계단 대신 바로 옆의 에스컬레이터 타기 등 불균형을 해소하는 행동이 강한 쾌감을 유발하면, 이 쾌감은 보상으로 작용해 그 행동을 강화reinforcement한다. 그리고 미래에 유사한 불균형이 발생하면 이 쾌감이 그 행동을 저절로 촉발한다. 또한, 신체 항상성 불균형이 클수록 불균형 해소 행동이 가져다주는 쾌감 역시 비례해 커진다. 즉, 쾌감을 극대화하려면 항상성 불균형도 고조되어야 한다.

뇌는 쾌감을 극대화하려고 일부러 항상성 불균형을 조장하면서까지 쾌감을 만끽할 방법을 발굴해 학습하기도 한다. 롤러코스터, 스카이다이빙, 암벽등반, 공포영화 감상 등이 바로 그런 예이다. 롤러코스터를 난생처음 타봤을 때를 떠올려보자. 탑승 전부터 식은땀 흘리며 안절부절못하다가 막상 타면 죽을 것 같은 극한 공포를 체험한 뒤 내려와서는 뜻밖에 밀려드는 통쾌감과 황홀감에 도취하여 다시 대기줄에 서는 자신을 발견하지 않았던가.

일차적 보상보다 이차적 보상이 강력한 이유

김영하 작가의 산문 《여행의 이유》를 읽다가 인상 깊은 대목을 발견했다.

> "어떤 인간은 스스로에게 고통을 부과한 뒤, 그 고통이 자신을 파괴하지 못한다는 것을 확인하고자 한다. 그때 경험하는 안도감이 너무나도 달콤하기 때문인데, 그 달콤함을 얻으려면 고통의 시험을 통과해야만 한다. '집 떠나면 고생'이라는 말을 나도 잘 알고 있다. 하지만 내 안의 프로그램은 어서 이 편안한 집을 떠나 그 고생을 다시 겪으라고 부추기는 것이다."

작가가 여행을 떠나고 싶어하는 이유를 들려주는 이 부분은 인간이 보상을 극대화하려고 일부러 신체 항상성 불균형을 초래하여 안전한 해소 방식을 끊임없이 추구하는 과정을 잘 드러낸다.

알로스테시스는 신체 항상성의 불균형을 최대한 일찍 예측하고 최소한 노력하여 예방하려는 방식인데, 항상성 불균형의 해소와 직접적 관련이 없어 보이는 새로운 보상을 찾아 학습하게 만들기도 한다. 즉, 배고픔이나 통증 등을 해소해주는 일차적 보상이 아닌 돈과 같은 이차적 보상을 학습하며 끊임없이 새로운 가치를 만들어내는 데 핵심적 역할을 담당한다.

이차적 보상의 중요한 특징을 몇 가지 살펴보면, 첫째는 예측성이다. 이차적 보상은 지금 당장 필요하지는 않더라도 장차 발생할 신체 항상성 불균형에 대비하는 기능을 한다. 미래에 겪을 배고픔에 대응하기 위해 지금 돈이라는 보상을 미리 획득하는 것이 그런 예이다. 둘째는 효율성이다. 이차적 보상은 다양한 신체 항상성의 불균형 신호에 일일이 대응할 필요 없이 이들을 한꺼번에 해결해준다. 돈은 살아가는 데 필수인 의식주를 모두 얻게 해주는 만능 보상이라는 점에서 여러 보상을 개별적으로 얻는 수고를 줄여준다. 셋째는 영속성이다. 신체의 요구 신호가 사라지더라도 이차적 보상을 얻고자 하는 노력은 사라지지 않는다. 포만감이 들면 가치가 사라지는 음식에 비하여, 돈과 같은 이차적 보상은 훨씬 더 장기적이고 지속적인 동기를 만들어낸다.

이차적 보상의 매력은 이러한 특성에서 기인한다. 뇌가 추구하는 알로스테시스 과정, 즉 신체 항상성의 불균형이 발생하기 전에 예측하고 유기체의 생존 유지를 위해 우선순위를 분배하며 자원을 효율적으로 관리해야 하는 과정의 목표에 아주 잘 부합하기 때문이다. 따라서 이차적 보상은 처음에 학습하긴 어려워도 일단 학습하면 그 어떤 일차적 보상보다 훨씬 더 강력하게 각인되어 우리 행동을 지배한다.

행복 호르몬의 역설

도파민Dopamine의 작동 원리야말로 끊임없이 새로운 이차적 보상을 발굴하고 학습해가는 뇌의 알로스테시스를 가장 잘 보여주는 생물학적 증거이다. '행복 호르몬'으로 익히 알려진 도파민은 중뇌Midbrain에서 생성되어 측핵Nucleus accumbens을 비롯한 여러 뇌 부위로 광범위하게 전달된다.

사실 도파민의 기능을 단순히 쾌감과 연결해 설명하는 것은 온당하지 않다. 원래 도파민은 보상 자체에 반응한다기보다, 엄밀히 말하자면 기대한 보상과 실제로 주어진 보상 간의 차이, 즉 '보상 예측 오류reward prediction error'에 반응하는 것으로 알려져 있다.[3]

그림 9는 이러한 도파민의 기능을 잘 보여준다. 전혀 예측하지 못한 상황에서 갑자기 음식이라는 보상을 받으면 도파민 세포가 강하게 반응한다(그림 9A). 그리고 보상이 주어지기 몇 초 전에 소리를 들려준 후 곧이어 음식을 제공하기를 반복하면 소리가 들릴 때 도파민 세포가 반응한다(그림 9B). 여기서 나타난 흥미로운 결과는 막상 음

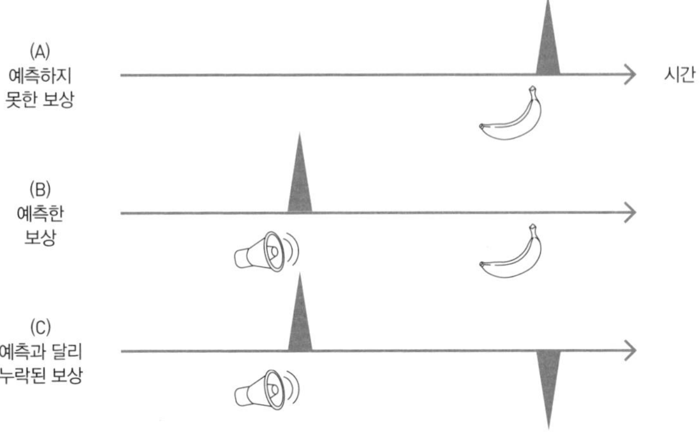

9 도파민 뉴런의 '보상 예측 오류' 반응을 실험한 결과

식이 제시되는 시점에는 도파민 세포가 전혀 반응하지 않는다는 점이다. 이미 기대했던 보상이므로 놀라울 것이 없기 때문이다. 소리를 제시하고 음식을 주지 않으면 어떤 결과가 나타날까? 그러면 도파민 세포는 소리에 반응은 하지만 음식이 제시될 시점에 누락된 구간에서 기준점보다 약하게 반응한다(그림 9C). 이렇게 도파민 세포가 탐지한 보상 예측 오류는 뇌에 저장된 보상 기대치를 변화시킨다.

세상 모든 담배 중에서 가장 맛있는 것은 아침에 일어나 맨 처음 피우는 첫 모금이다. 커피 역시 마찬가지다. 잠시 강렬하게 느낀 이 행복감은 그 후 빠른 속도로 사라져버린다. 이 행복감을 다시 경험하기 위해서는 하루라는 시간을 다시 견뎌내야 한다. 그렇지만 우린 알고 있다. 이 하루 첫 커피의 첫 모금이 주는 행복감도 매일이라는 시간이 겹쳐 지나가는 동안 서서히 조금씩 줄고 있다는 것을. 행복감은 오랜 절제 끝에 갑작스러운 변화가 선물하는 찰나의 경험이다. 따라서 행복은 그 찰나의 경험을 추구하는 일이 아니라 절제의 시간을 오래도록 쌓는 노력일 수밖에 없다. 행복은 그 경험을 향해 다가갈수록 도리어 더 멀어질 수밖에 없고, 단념하며 돌아서려는 순간 어깨를 잡아채며 느닷없이 선물처럼 안긴다.

사회적 보상의 탄생

우리가 간과하고 있지만 돈보다 훨씬 먼저 학습한, 훨씬 강력하고도 중요한 이차적 보상이 있다. 바로 '타인'이라는 사회적 보상이다.

타인과의 관계를 추구하는 욕구는 갓난아기가 태어나 처음으로 신체 항상성의 불균형을 경험할 때, 즉 배고픔이나 통증이나 불편을 겪을 때 이를 해소해준 최초의 타인인 엄마로부터 시작한다. 이와 같이 사회적 보상은 일생에서 가장 먼저 학습하는 이차적 보상이다.

인간이 태어나는 순간부터 신체 항상성 불균형을 해소하는 데 가장 크게 기여하는 타인, 이 사회적 보상은 오랜 발달 과정을 거치며 가장 강력한 보상으로 각인된다. 한편으로 사회적 보상은 가장 포괄적이고 효율적이다. 생존 가능성을 극대화하기 위해 협력을 선택한 인간에게 타인의 긍정적 평가는 생존 목적에 매우 중요하며, 나아가 타인의 호감과 인정은 번식 목적에 직결된다. 이 세상에 수없이 존재하는 보상 가운데 생존과 번식의 목적에 모두 부합하는 보상은 드물다. 이 점에서 사회적 보상은 독보적이다.

타인으로부터 좋은 평가를 얻는 것의 마력

신체 항상성 유지에 기여한 타인이라는 존재에게 관심과 호감을 얻으려는 욕구는 사회화를 거치면서 점점 더 범위를 확대하며 강해진다. 이렇게 형성된 인정 욕구는 우리로 하여금 노력을 되도록 적게 기울이며 타인의 인정과 호감을 끌어낼 수 있는 효율적인 보상을 추구하게 한다. 그리고 이 과정에서 명품 가방, 고급 자동차 등 비교적 쉽게 사회적 지위를 과시할 수 있는 수많은 신호가 생겨난다.

사회관계망서비스SNS 게시물에 공감이나 추천을 표시하는 "좋아요" 심벌은 극도로 단순화하고 추상화한 방식의 강력한 사회적 보상을 상징한다. 이는 타인의 인정과 호감이 어느 정도인지 명확하게 파악할 수 없는 현실에 비해 구체적이고 정량적으로 파악하게 해준다는 점에서 매우 효율적인 보상이다. 따라서 SNS상의 새롭고 강력한 이차적 보상에 사로잡혀 집착하고 지나치게 의존하는 중독 사례가 계속 늘고 있다. 앞으로도 더 강력하고 효율적인 이차적 보상이 끊임없이 생겨날 것이다.

과도한 SNS 사용에 따른 일상의 큰 변화는 알로스테시스 기능으로 설명할 수 있다. 사회적 보상은 워낙 강력하고 효율적이어서 우리 뇌는 그것을 맛본 이상 알로스테시스의 우선순위 분배 기능이 사회적 보상을 얻어내려는 방향으로 작동한다. 따라서 그 밖의 보상들은 물론 다양한 신체 기관이 보내는 신호까지 모두 무시하게 한다. SNS 사용이 삶에 과부하를 유발하는 이유는 이를테면, 윈도즈 시작 프로그램이 부팅과 함께 자동으로 시작하면서 우리가 모르는 새 시피유와 메모리를 소모하는 현상에 비유할 수 있다. SNS를 사용하다 보면 내가 누군가의 게시물에 "좋아요" 표시를 하게 마련인데 그러면 상대방도 답례로 나처럼 반응해주는지 살피게 된다. 또 내가 이 사람의 게시물에 아무 반응을 보이지 않았는데 저 사람의 게시물에는 "좋아요" 표시를 하면 이 사람이 무시당한 줄 알고 불쾌해할까 봐 내심 걱정하는 등 이런저런 고민에 휩싸인다. 이 모든 신경에서 자유로울 수 있는 사람은 애초에 SNS를 시작할 동기조차 느끼지 못할 가능성이 높다. 왜냐하면 SNS를 시작하는 이유가 바로 타인의 관심과 호감을 얻고자 하는 인정 욕구 그 자체이기 때문이다.

내가 원하는 것은 정말 내가 원하는 것일까?

SNS 사용자들은 순수하게 자기만족감을 위해 글이나 사진 또는 영상을 게시한다고 말하곤 한다. 이때 '순수한 자기만족감'이란 뭘까? 돈, 명예, 칭찬 등 외적인 보상이 아닌 순전히 스스로 만족하기 위해 어떤 선택을 할 때 이 만족감을 내적인 보상이라 부르기도 한다. 일반적으로 내적인 보상을 따르는 행위는 바람직하게 여기는 반면에 외적인 보상에 대해서는 부정적으로 여긴다. 내적인 동기와 외적인 동기를 구분하는 것은 과연 가능할까?

퍼즐 맞추기를 자발적으로 즐기던 대학생들에게 돈이라는 외적 보상을 추가하면 흥미가 급격히 감소한다는 유명한 심리학 실험이 있다.[4] 심리학자들은 이 실험 결과를 내재적 동기와 외재적 동기의 차이로 설명한다. 즉, 처음에 순전히 재미로 퍼즐 맞추기를 즐기던 내재적 동기가 돈이라는 외부 보상으로 대체되어 외재적 동기로 변한다는 해석이다. 과연 맞는 해석일까? 혹시 보상이 커짐에 따라 기대 수준이 높아지다가 더 이상 기대만큼 보상이 주어지지 않으면 실망하는 것은 아닐까?

이 실험 결과는 보상 예측 오류를 부호화하는 도파민 세포의 작동 원리로도 해석할 수 있다. 조각을 짜 맞추는 행동으로 퍼즐이라는 불확실한 외부 환경을 변화시킴에 따라 내가 예상한 대로 퍼즐이 완성되는 결과를 얻는다면 나는 자기감이 강해지는 경험을 한다. 자기감은 자신의 생존을 위해 주변 환경을 적절하게 통제할 수 있는 내적 모형을 갖추고 있음을 알려주는 신호다. 이 신호는 그 자체로 충분히 보상이 될 수 있다. 여기서 중요한 사실은 이 자기감이라는 보상 역시 외부 환경에서 오는 정보를 요한다는 것이다. 바로 조각을 짜 맞추는 행동을 통해 기대한 퍼즐이 완성되는 결과를 보여주는 시각 정보가 제시되어야만 비로소 자기감이라는 보상을 경험하는 것이다.

그런데 여기에 돈이라는 보상을 추가한다고 해보자. 앞서 말했듯이 돈은 신체 항상성을 유지하기 위해 뇌가 외부 환경을 활용해서 학습한 이차적 보상이다. 퍼즐 완성이라는 결과가 가져다주는 자기감이라는 보상에 돈이라는, 심지어 훨씬 강력한 외적 보상을 추가로 제공하면 어떻게 될까? 아마 동일한 행동에 이전보다 훨씬 큰 보상이 되어 도파민 세포가 정적인 예측 오류 신호를 강하게 보일 테고, 이전보다 훨씬 더 몰입할 것이 당연하다. 그런데 잠시 후 돈을 그만 주면 어떻게 될까? 아마 실망하여 도파민 세포의 활동이 기저선보다 아래로 내려가는 반대 방향의 예측 오류 신호를 보일 것이고, 당연히 퍼즐 맞추기에 흥미를 잃을 것이다.

칭찬과 감사 같은 사회적 보상은 다른 보상보다 훨씬 강력하고 효율적이어서 퍼즐 맞추기에 성공한 사람을 칭찬하면 돈을 주었을 때와 똑같은, 혹은 그보다 강력한 결과를 기대할 수 있다. 이전보다 큰 칭찬이 따르지 않을 때 더 이상 퍼즐 맞추기에 흥미를 느끼지 못하는 이유는 도파민 세포가 바로 이전만큼, 혹은 그보다 큰 보상이 지속적으로 주어지지 않으면 예측 오류를 보내기 때문일 것이다. 결론적으로 말하자면, 유기체가 경험하는 모든 종류의 보상은 외적인 보상으로 볼 수 있으며, 이는 생존을 위해 외부 환경을 적절하게 통제할 수 있는 내적 모형을 갖추고 있음을 알리는 신호다.

생각해보면 사회가 필요로 하는 일은 어떤 일이건 타인에게서 사회적 보상을 얻게 마련이다. 대중이 열광하는 멋진 춤과 노래를 보여주는 퍼포먼스, 사회에 편익을 주는 과학적 발견이나 도구의 발명, 큰돈을 벌어 취약층을 지원하는 기부 등 처음엔 사소한 호기심이나 자기감의 충족을 위해 시작한 일이 점차 사회적 인정을 받으면 더 큰 보상을 경험하게 되고 그 일을 하려는 동기 또한 점점 더 강해질 수밖에 없다. 이런 상황에서 타인의 칭찬이나 인정과 무관하게 진정 내가 원하고 즐기는 바를 순수하게 추구하는 것이 가능할까?

타고난 본성은 발달 과정을 거치며 끊임없이 외부 환경과 상호 작용하면서 그 본질과 다르게 변화하고 왜곡된다. 내가 원하는 것은 진정 내가 원하는 것일까? 타인의 기대를 기대하거나 타인의 욕망을 욕망하는 것은 아닐까? 예를 들어, 얼굴이 예쁘길 바라는 욕망이 생겨나는 것도 사실 대부분의 사람이 예쁜 얼굴을 선호한다는 것을 무의식적으로 학습했기 때문이라고 볼 수 있다. 순전히 자기만족으로 예뻐지고 싶을 수는 있지만, 그렇게 바라는 순간 자기도 모르게 자신이 일생 동안 학습한 타인의 욕망을 욕망하고 있는지도 모른다.

인정 욕구는 나의 생존에 유리할까, 불리할까?

사회적 보상은 양날의 칼이다. 타인의 칭찬, 감사, 존경 같은 사회적 보상에 과민할 경우 타인의 시선을 지나치게 의식하는 사회적 불안 증세나 인정 중독으로 이어질 수 있다. 이와 반대로 사회적 보상에 지나치게 둔감할 경우 자폐증과 같은 심각한 사회적 부적응 증세를 보일 수도 있다.

자폐증은 스펙트럼으로까지 불릴 만큼 그 증상이 천차만별인데, 가장 핵심적이고 공통적인 증상은 사회적 보상 기능의 손상이다. 타인이 나에게 보내는 신호를 보상으로 인식하지 못한다는 것이다. 바로 이런 증상 때문에 타인의 시선을 의식해 행동이 변하는 정상인과 달리 자폐 증상이 있는 사람들은 누군가 지켜보건 아니건 간에 행동이 달라지지 않는다.[5] 이처럼 사회적 평판을 의식하지 않는 행동은 자폐증을 규정하는 가장 핵심적인 특성이다.

사회적 민감성을 높여주는 옥시토신

최근에 많은 연구자의 관심을 받고 있는 자폐증을 개선하는 방법이 하나 있다. 바로 옥시토신이라는 호르몬을 처방하는 것이다. 옥시토신은 시상하부에서 인간의 식욕, 갈증, 성욕 등 욕구를 조절하는 다양한 호르몬과 함께 만들어진다.

옥시토신이 특히 많이 분비되는 사람이 주로 산모인데, 아기에게 모유를 먹일 때 유즙 분비를 촉진하는 기능을 옥시토신이 담당하기 때문인 것으로 알려져 있다. 흥미롭게도 한 연구에 따르면, 옥시토신은 연인 사이나 엄마와 자녀 간의 정서적 유대감을 증진하기도 하고, 전혀 모르는 사이인 사람들 간의 신뢰감까지 높여주기도 한다.[6] 이런 기능 덕분에 한때 옥시토신은 '사랑의 묘약love potion'이라는 별명까지 얻으며 약물로 상품화되어 인터넷상에서 거래되기도 했다. 이 약물은 코를 통해 간편하게 주입하는 것인데, 관계가 소원해진 연인에게 친밀감을 즉각적으로 높여준다는 광고 메시지로 소비자들의 구매를 유도했다. 하지만 소비 시장까지 진출한 옥시토신의 인기는 후속 연구에서 그 기능이 기존 연구 결과처럼 그리 단순하지만은 않다는 결과가 나오면서 점차 시들었다.

옥시토신은 어떻게 사회적 관계에 영향을 미칠까? 썩 만족스럽지는 않지만 이 질문에 학계 일각의 주장으로 답하자면, 옥시토신은 사회적 정보에 대한 민감성을 높여주는 기능을 담당한다고 한다. 이 주장을 지지하는 증거도 존재한다. 예를 들어, 성인에게 옥시토신을 주입하면 타인의 얼굴에 나타난 미묘한 감정적 표현을 알아차릴 확률이 증가하며,[7] 옥시토신 분비량이 높은 갓난아기는 다른 사람의 얼굴을 더 오래 본다.[8] 이런 결과는 옥시토신이 사회적 자극이나 정보에 대한 관심도 혹은 중요도를 증폭하는 기능을 담당한다는 주장에 힘을 실어준다.

이와 비슷한 증거는 동물에서도 발견되었다. 옥시토신 유전자가 삭제된 쥐는 정상쥐와 달리 어미쥐로부터 분리되었을 때 울음소리를 내지 않는 것으로 밝혀졌다.[9] 이는 어미쥐라는 사회적 보상이 사라졌을 때 불안감이나 상실감을 느끼는 데 옥시토신이 중요한 기능을 담당한다는 사실을 보여주는 결과이다.

그렇다면 옥시토신은 왜 사회적 정보에 대한 민감성을 높이고 사회적 보상의 학습을 촉진할까? 더 근본적인 이유가 궁금하다.

중독과 착시는 비슷하다?

옥시토신의 기능을 두고 신체와 뇌 간의 소통을 촉진한다는 흥미로운 주장을 펼친 연구가 있다. 옥시토신이 신체에서 오는 신호가 뇌로 전달되는 문을 더 활짝 열어줌으로써 뇌가 신체 신호에 더욱 민감해지도록 한다는 내용이다.[10]

신체 신호에 대한 민감성이 높아진다는 것은 무슨 의미일까? 갈증 현상을 예로 들면, 모유 수유를 하는 산모는 유난히 갈증을 심하게 느끼는 것으로 알려져 있다. 본래 갈증이 나는 이유는 나트륨과 물이 혈관으로 다시 들어가려는 압력, 즉 혈장 삼투압이 이미 주어진 설정값보다 높아짐에 따라 예측 오류를 알리는 신호가 발생하고 이 신호를 뇌의 시상하부가 감지하기 때문이다. 옥시토신은 이 설정값을 변경함으로써 갈증을 느끼는 정도를 조절해주는 것으로 보인다. 즉, 설정값이 낮아지면 예측 오류 신호에 대한 민감도를 높여서 시상하부가 이 신호를 좀 더 쉽게 감지하도록 도와준다는 말이다. 결과적으로 체내 수분이 부족해져서 혈액의 삼투압이 올라갈 때 옥시토신은 신체 상태의 작은 변화에도 민감하게 반응하여 갈증을 느끼게 하며, 유즙 분비 촉진을 위해 옥시토신 분비가 증가한 산모들은 바로 그런 이유로 이전보다 갈증을 더 심하게 느낀다는 것이다.[11]

신체 신호에 대한 민감도의 저하는 다양한 신체적 혹은 심리적 장애와 관련될 수 있다. 그리고 옥시토신을 처치하면 이들의 신체 신호 민감도를 다시 높여줄 수 있고, 그 결과 장애 치료의 효과도 볼 수 있다.

예를 들어, 알코올이나 약물에 중독된 사람은 정상인에 비해 자신의 신체에서 오는 신호들에 대한 민감성이 저조한 것으로 알려져 있다.[12] 사실 중독 현상은 고무손 착시와 유사한 점이 많다. 고무손 착시는 자신의 실제 손이 아닌데도 간단한 외부 신호 조작에 따라 실제 근육에서 전달되는 내부 감각 신호를 무시하며 고무손을 진짜 손으로 착각하는 현상이다. 약물 중독도 이와 마찬가지다. 외부에서 유입된 화학적 신호가 뇌 속의 보상 회로를 활성화하면 신체 항상성 유지라는 보상의 근본적 목적에 부합하지 않더라도 그 화학적 신호를 보상으로 착각하는 현상이다. 내수용 감각 민감도가 낮은 사람이 고무손 착시를 경험할 확률이 높았듯, 알코올·니코틴·약물 중독자들도 정상인보다 내수용 감각 민감도가 현저하게 낮다는 사실 또한 이 두 현상 간의 유사성을 지지하는 중요한 증거로 볼 수 있다.

그렇다면 이런 환자들에게 신체 신호에 대한 민감도를 높여주는 옥시토신을 투여할 경우 어떤 효과가 나타날까? 흥미롭게도, 알코올이나 약물에 과다 노출된 사람들에게 옥시토신을 처방하면 신체 신호에 대한 민감성이 증가한다는 사실이 확인되었다.[13] 아직은 옥시토신의 치료 효과에 대해서 섣불리 크게 기대하거나 맹신하는 것은 위험할 수 있다. 특히, 기본적으로 옥시토신 수준이 높은 사람과 낮은 사람은 달리 처치해야 하며 개인마다 적정 수준을 찾는 일이 중요한 과제가 될 것이다. 이런 연구 결과는 새로운 치료법을 찾는 데 중요한 실마리를 제공해줄 수 있다.

지나치면 인정 중독으로 이어질 수도 있다

사회적 보상은 신체 항상성의 균형을 효율적으로 유지할 목적으로 학습되었다. 하지만 역설적이게도, 사회적 보상에 지나치게 몰입하면 오히려 신체 항상성의 불균형을 심화할 수 있다.

흥미로운 연구 결과가 있는데, 옥시토신을 처치하면 나와 타인을 좀 더 명확하게 구분해 인식한다고 한다.[14] 이는 어쩌면 옥시토신이 내수용 감각을 증폭하는 기능과도 관련될 수 있다. 앞서 고무손 착시 실험에서도 내수용 감각 민감도가 높은 사람이 오히려 고무손 착시 조작이 주는 이질감을 쉽게 배제하고 착시를 경험할 확률이 낮다는 것을 확인했다. 옥시토신 처치가 신체 신호에 대한 민감도를 높여준다면 자기감 또한 높여줄 테고, 그 결과로 자신과 타인 간의 경계가 오히려 명확해질 것이다.

이러한 관점에서 보면, 옥시토신을 투여할 때 타인과의 유대감이 증진되는 것은 나와 타인 간의 경계가 모호해지기 때문이 아니라, 자기감을 충족하고 확장하려는 욕구가 과도하게 증가하기 때문일지도 모른다. 다시 말해, 타인을 자신의 사회적 욕구 충족을 위한 대상으로 인식하고 나의 경계를 넓히기 위한 수단으로 활용하려는 경향성을 옥시토신이 높여준 것은 아닐까?

내가 속한 집단은 나라는 경계의 확장판으로 볼 수 있다. 그래서 나의 경계와 충돌하는 타 집단을 나를 위협하는 대상으로 지각하는 것은 당연하다. 사회적 욕구를 증가시켜 나의 경계를 확장하려는 동기를 촉진하는 옥시토신을 처치하면, 내가 속한 내집단ingroup과 경쟁적인 외집단outgroup 간의 구분을 더 명확하게 인식하고 결과적으로 내집단 편향이 증가한다고 한다.[15] 이처럼 내가 속한 집단을 나의 확장판으로 인식하고 나 자신과 동일시하는 정도가 강해지면 집단 수준의 보상과 처벌을 마치 나에게 주어지는 것처럼 경험한다. 예컨대 월드컵 경기에서 우리 팀이 골을 넣었을 때와 골을 먹었을 때 관중이 보이는 표정과 행동만 떠올려봐도 잘 알 수 있다. 내가 속한 국가를 위협하는 이웃 국가의 적대적 행위는 나의 생존을 위해 반사적으로 촉발되는 방어 행동과 매우 흡사한 공격성을 촉발할 수 있다.

그렇다면 높은 사회적 보상 민감도는 나의 생존에 유리할까, 불리할까? 이 질문은 비만의 원인인 식욕이 나의 생존에 유리한지, 불리한지 묻는 것과 유사하다. 나의 생존에 필수적인 욕구가 지나친 나머지 나의 생존을 위협하는 사례는 쉽게 찾아볼 수 있다. 최대한 많은 사람의 지지와 호감을 얻음으로써 내 영향력의 범위를 최대로 확장하려는 욕구는 애초에 신체 항상성을 유지하기 위한 생존 본능에서 출발하지만, 이런 욕구가 지나치면 일종의 인정 중독에 빠질 우려가 있다. 금연을 시도하는 가장 큰 이유가 좀 더 나은 아빠나 남편, 혹은 자기 관리 잘하는 동료로 보이고 싶은 사회적 동기로부터 비롯하듯이, 사회적 보상을 향한 욕구는 이보다 약한 모든 욕구가 만드는 중독쯤은 쉽게 이겨내는 원동력이 될 수 있다.

중독에서 헤어나는 가장 효과적인 방법은 더 강한 중독에 빠지는 것 외에는 없는 걸까? 한 중독을 다른 중독으로 이겨내는 것은 분명히 한계점이 존재한다. 그 이유는 자명하다. 모든 중독을 물리친 후 최후에 남는 가장 강한 중독에서 벗어날 방법은 더 이상 없기 때문이다. 뒤에서 더 자세히 다루겠지만, 역설적이게도 이런 중독에서 벗어나는 방법 역시 신체 신호에 더 민감해지도록 해주는 것이다. 다시 말해, 뇌가 신체의 메시지에 더욱더 귀 기울이도록 뇌와 신체 간 소통력을 높여줌으로써 사회적 보상에 대한 과도한 집착, 즉 인정 중독에서 벗어나도록 하고 중독이 유발한 불균형을 해소해 신체가 균형을 회복하도록 한다. 뇌와 신체의 원활한 소통은, 생존을 위한 신체 항상성 유지라는 생명체의 궁극적 목적에 부합하지 않는 모든 학습된 외부 보상의 가치를 재평가하고 정리하는 기회를 제공할 것이다.

자기감과 자존감은 어떻게 다를까?

내수용 감각이 사회적 행동에 중요한 역할을 하는 이유는 무엇일까? 앞서 말했듯이, 신체 항상성 유지는 생존에 필수적이며 여기에는 신체와 뇌 간의 긴밀한 소통이 필요하다. 하지만 뇌가 매 순간 바뀌는 신체 각 기관들의 신호에 일일이 모두 답하기란 불가능에 가깝다.

신체의 요구 신호를 듣는 것과 이 신호들에 답하는 것 모두 상당한 '신체적 예산'을 필요로 하기 때문에 뇌는 이러한 예산을 가장 효율적으로 배분하고 알뜰하게 사용할 방법을 찾기 위해 끊임없이 노력해왔다. 따라서 내가 처한 사회적 환경 내에서 어떻게 행동해야 현재의 가용 예산을 가장 효율적으로 사용할 수 있는지가 선택의 매 순간마다 중요한 기준이 된다. 인간이 기본적으로 타인의 의견에 동조하고 타인의 기대에 부합하는 방향으로 행동하는 이유는 바로 이 신체적 예산 때문이다.

최근 한 이론에 따르면, 인간이 타인의 기대에 부합하는 방향으로 행동하고자 하는 데에는 그렇게 행동함으로써 상대방이 나의 행동을 잘 예측할 수 있고 상대방도 나의 기대에 부합하게 행동할 것이라는 강력한 내적 동기가 작용한다고 한다.[16] 서로 상대방의 기대에 부합하는 행동만 하게 되면 기대와 어긋나는 행동에 대처하는 데 들이는 에너지의 소모를 피할 수 있다. 이러한 주장은 내가 타인이 기대하는 방식대로 행동한다면 상대방도 내가 기대하는 방식대로 행동할 것이라는 가정에 기초한다. 반대로 내가 타인이 기대하는 바와 다른 방식으로 행동한다면 타인도 내가 기대하지 못한 행동을 보일 테고, 그렇다면 예측하기 어려운 사회적 환경을 마주하게 될 것이다. 이처럼 예측 불가능한 사회적 환경은 불안감을 야기할 수밖에 없다. 이 불안감을 해소하기 위해 나는 타인의 행동을 예측하고자 노력하게 되고, 이렇게 노력을 들이는 데 나의 신체 에너지 또한 소모하게 된다.

예를 들어, 친한 친구와 함께 쇼핑하러 간 상황을 떠올려보자. 친구가 고른 옷을 보여주면서 나에게 묻는다. "어때, 잘 어울려?" 내가 보기에 별로 어울리지 않았다면, 이때 나의 의견을 솔직하게 들려주며 친구의 선택에 필요한 정보를 제공할 수 있다. 그런데 이러한 정직한 평가는 자기 마음에 든 옷을 고른 친구를 불편하게 할 수 있다. 친구는 나의 동의를 기대할 테고, 나의 동의는 곧 친구의 기대에 부합하는 반응이다. 친구의 기대에 어긋나는 나의 반응은 친구의 그다음 행동을 예측하기 어렵게 한다. 나에게 그 옷이 친구에게 어울려

보이지 않는 이유를 꼬치꼬치 물어볼지도 모르고, 쇼핑 내내 괜한 짜증을 부릴지도 모른다. 이렇게 미처 예상치 못한 친구의 행동에 나는 새로운 반응을 고민하느라 신체적 예산을 소진해야 할 것이다.

대부분의 사람은 이와 같은 경험이 반복되면 타인의 기대를 충족하는 반응으로 그 상황을 모면하고자 한다. 신체 에너지라는 유한한 자원을 최대한 효율적으로 사용하려는 전략에 따라 우리 뇌가 자연스럽게 타인의 기대에 부합하는 방식으로 행동하게끔 이미 생물학적으로 설계되어 있기 때문이다.

그렇다면 타인의 기대에 부합하도록 행동하는 것은 항상 나의 생존에 유리하기만 할까? 그런 행동이 적절할 때도 있고 부적절할 때도 있다면, 그 상황을 구분하는 기준은 무엇일까? 이 질문에 대한 답은 자존감을 이해하는 과정에서 찾아볼 수 있다.

내가 가진 내적 모형은 얼마나 적절한가

우리가 타인의 기대에 부합하는 행동을 하면 그들로부터 긍정적인 신호를 받고 이런 신호는 나의 자존감을 높여준다. 하지만 타인의 기대에 부합하기 위해 내가 원치 않는 행동을 억지로 하면 나는 자존감에 상처를 입기도 한다. 앞서 말했듯이, 자존감은 자기감의 특수한 경우에 해당하며, 나의 생존을 위해 내 주변의 환경, 그중에서도 특히 사회적 환경을 적절하게 통제하고 있다는 주관적 느낌을 뜻한다.

능동적 추론 이론에 따르면, 우리 뇌에는 신체 상태를 일정한 범위 내로 유지하기 위해 일생 동안 학습한 모든 선택이 저장되어 있으며, 우리 뇌에서 발생하는 모든 신호는 결국 신체 상태에 대한 뇌의 기대와 이 기대를 벗어난 내적 혹은 외적 감각 정보들 간의 차이값, 즉 예측 오류들이라고 한다. 신체 상태와 외부 환경은 매 순간 끊임없이 변화하기 때문에 우리 뇌는 아무리 노력해도 예측 오류를 경험할 수밖에 없고, 따라서 내적 모형은 운명적으로 항상 수정되어야만 한다.

내가 가진 내적 모형이 얼마나 적절한지 판단하는 가장 중요한 기준은 바로 예측 오류 신호다. 나는 예측 오류의 크기가 작고 빈도가 낮을 때 내가 가진 내적 모형이 적절하다는 것을 알 수 있다. 혹은 예측 오류가 크더라도 다음번에 이 예측 오류를 성공적으로 줄여줄 수 있을 만큼 내적 모형을 잘 수정했다면 만족할 만하다.

예를 들어, 눈앞에 있는 컵을 잡기 위해 손을 뻗었더니 내가 기대한 위치에서 컵을 잡는 데 성공하고 예상한 촉감대로 컵의 손잡이 표면이 느껴진다면, 컵을 잡기 위해 사용한 이 신체를 내가 소유하고 있으며 내가 잘 통제하고 있음을 알게 된다. 또한 배고픔을 느낄 때 눈앞에 있는 음식을 집어 먹고 예상한 맛과 기대한 포만감을 느낀다면, 항상성 유지를 위해 노력 중인 이 신체가 나의 소유이며 생존이라는 목적을 위해 잘 통제되고 있음을 알 수 있다.

이처럼 예측 오류를 토대로 뇌가 형성한 내적 모형이 신체 상태의 유지를 위해 적절하다고 느끼는 순간, 그 느낌을 자기감이라고 한다.

자기감이 낮아지는 경우는 내적 모형을 토대로 만들어진 선택이 기대와 다른 결과로 이어질 때다. 예를 들어, 배고픔을 없애기 위해 음식을 찾아다녔으나 실패하여 원하는 포만감을 얻지 못했을 때 느끼는 좌절감은 낮은 자기감으로 볼 수 있다.

나의 신체 상태를 안정적으로 유지하기 위해 활용해야 하는 환경은 도구나 공간 같은 물리적인 것일 수도 있고, 내 주변 사람들을 포함하는 사회적인 것일 수도 있다. 능동적 추론 이론은 반짝이는 불빛을 향해 시선이 이동하는 단순한 행동부터, 내 의견이 집단 내 다수의 입장과 상충할 경우 내 의견 대신 다수의 의견을 따르는 동조 행동에 이르기까지, 인간의 수많은 행동을 공통적으로 설명하는 데 가장 기초적이고 핵심적인 이론의 토대가 된다.[17]

신체 상태를 안정적으로 유지하기 위해 내 주변의 물리적 환경을 통제할 수 있는 내적 모형을 자기감이라고 한다면, 물리적 환경 대신 내 주변 사람들이라는 사회적 환경을 통제할 수 있는 내적 모형은 자존감 또는 자기효능감이라고 할 수 있다. 따라서 자기감은 사회적 관계에서 형성되는 자존감과 같은 개념을 아우르는 더 포괄적인 개념으로 볼 수 있다.

자기감이라는 내적 모형이 예측한 물리적 환경이 기대와 다를 때 예측 오류가 발생하는 것처럼, 자존감이라는 내적 모형을 토대로 예측한 사회적 환경이 기대와 다를 때 우리는 예측 오류를 경험한다. 그리고 이 예측 오류를 줄이기 위해 나의 자존감이라는 내적 모형이 수정될 수도 있고, 혹은 나의 자존감의 예측에 부합하는 사회적 환경을 만들기 위해 환경을 바꾸고자 시도할 수도 있다.

예를 들어, 내가 어떤 이성에게 호감을 느껴 고백했을 때 상대방이 단호히 거절한다면 나는 그 순간 강한 예측 오류를 경험할 것이다. 이 예측 오류가 부끄러움이나 수치감이라는 감정을 유발한다면 나는 그동안 내가 갖고 있던 자존감이라는 내적 모형을 수정할 필요를 느낄 것이다. 한편으로 이 예측 오류가 분노감이라는 감정을 유발한다면, 나는 내적 모형을 수정하는 대신 기존의 내적 모형이 예측하는 사회적 환경을 만들기 위해 그 이성에게서 내가 원하는 반응을 강압적으로 끌어내고자 폭력을 행사할 수도 있다.

나의 내적 모형이 나를 둘러싼 물리적 환경에 잘 맞춰져 있으면 자기감을 느끼는 것처럼, 내적 모형이 물리적 환경 대신 사회적 환경에 잘 맞춰져 있으면 자존감을 느낀다. 사실 뇌의 입장에서는 내적 모형이 통제하는 환경이 물리적이든 사회적이든 그다지 중요하지 않으며, 두 환경 간의 뚜렷한 경계선을 찾는 일도 녹록하지 않다. 우리가 물리적인 환경보다 사회적인 환경에 더 의미를 부여하고 특별하게 생각하는 이유는 어쩌면 후자가 나의 생존에 더 중요하기 때문일지도 모른다. 능동적 추론 이론을 적용해서 설명해보자면, 이미 뇌 속에 형성된 내적 모형이 예측 오류를 크게 내지 않거나 충분히 수정될 수 있을 만큼 비교적 안정적이라면, 이는 곧 높은 자존감 혹은 자존심이 세지 않은 상태라고 볼 수 있다.

예를 들면, 주변 사람들의 호감을 얻기 위해 시도한 나의 행동이 예상한 반응을 이끌어내는 데 성공했거나 성공했다고 착각하는 경우가 여기에 해당한다. 이때 나는 안정된 신체 상태 유지라는 목적을 위해 내 주변의 사회적 환경을 효과적으로 통제하도록 형성한 내적 모형이 적절하게 작동하고 있다고 결론짓고 더 이상 수정할 필요를 느끼지 못한다. 여기서 중요한 점은 내적 모형이 실제로 적절한지 부적절한지 구분하는 기준은 사람마다 다르고 객관적 기준도 없다는 것이다. 어떤 이들은 평균 이상으로 적절한 내적 모형을 갖고 있으면서 항상 예측 오류를 경험할 수도 있고, 또 어떤 이들은 평균 이하로 부적절한 내적 모형을 갖고 있지만 예측 오류를 경험하지 않을 수도 있다. 전자는 늘 주변 사람들의 반응에 예민하고 불안해하는 유형이고, 후자는 소위 분위기 파악은 제대로 하지 못해도 항상 자신에 대한 긍정적 태도를 견지하는 유형이다.

능동적 추론 이론은 고도로 추상적인 학술적 개념인 반면에 자존감은 우리가 생활 용어로 흔히 접하는 개념이다. 이 둘 간의 관계를 이해할 수 있도록 일상의 사례를 들어 설명하기는 했지만, 우리가 일상에서 사용하는 언어는 부정확하고 오해할 소지가 다분하다. 바로 이런 이유로 능동적 추론 이론, 자존감, 자기감 같은 언어의 개념을 구체적인 뇌과학적 기제와 작동 원리로 살펴보는 작업은 중요하다.

다음 장에서는 우리가 일상에서 경험하는 수많은 감정의 이면에 자리한 자존감이 우리 뇌에서 어떻게 만들어지는지 구체적인 신경학적 회로를 통해 들여다본다. 그리고 이렇게 형성된 자존감 기제가 매 순간 나의 행동에 어떤 영향을 미치는지 최신 뇌과학 연구 결과로 알아본다.

3

자존감은 뇌과학이다

친한 친구에게 문내측 전전두피질이 더 반응하는 이유

우리는 보통 '자기'에 관해 이야기할 때, 단순히 '신체 소유 경험'만을 말하지는 않는다. 자기 인식self-awareness, 자기 의식self-consciousness, 자기 성찰self-reflection 등과 같은 좀 더 고차원적 심리 현상과 관련해 언급할 때가 더 많다. 인간은 자신에 대해 생각하는 능력이 있으며, 근본적인 본성의 목적 및 본질에 대해 알고자 하는 동기를 지닌다. 그리고 이처럼 일종의 메타인지meta cognition로 볼 수 있는 자기 성찰, 즉 자신에 대해 생각하는 능력은 인간을 다른 동물과 구분하는 중요한 특성으로 고려하기도 한다.

사람들은 어떤 이유로 자기 성찰을 할까? 그를 통해 얻고자 하는 것은 과연 뭘까? 자기 성찰에 관한 인문학적이고 종교적인 해석은 오래전부터 있었다. 하지만 이를 자연과학적으로 연구한 사례는 드물며, 특히 그 신경학적 기제에 대해서는 아직 알려진 바가 많지 않다.

자기 참조 효과, "나를 기억하라!"

대부분의 사람이 자신과 관련된 정보는 좀 더 쉽게 발견하고 다른 정보보다 잘 기억하곤 한다. 예를 들어 많은 사람이 모여 시끄럽게 떠드는 와중에도 어느 순간 누군가 내 이름을 말하면, 갑자기 온 신경이 거기에 꽂히고 그 상황은 머릿속에 쉽게 저장되어 기억될 것이다. 나와 이름이 같은 사람을 만나면 특별히 관심이 가고 그에 관한 정보를 알고 싶은 마음이 들기도 한다. 이러한 현상은 내가 특별히 자기중심적이기 때문이 아니라 대부분의 사람이 지니는 자연스러운 경향성으로 보이며, 이를 자기 참조 효과self-referential effect라 한다.[1]

자기 참조 효과를 처음 보고한 연구를 살펴보자. 실험 참가자들에게 여러 성격 형용사를 보여주고 조건마다 다른 질문들을 주면서, '네' 혹은 '아니오' 중 하나로 답변하도록 지시했다. 예를 들어 '똑똑하다'라는 단어를 보여주고 어떤 조건에서는 해당 형용사가 질문의 글자보다 서체 크기가 큰지 혹은 작은지 질문했고, 다른 조건에서는 '딱딱하다'라는 단어와 소리가 비슷한지 다른지를 질문했으며, 또 다른 조건에서는 '영리하다'와 같은 의미인지 아닌지를 질문했다. 질문을 모두 마친 후에는 예고하지 않은 기억 검사를 실시했는데, 앞서 본 형용사 가운데 기억나는 것을 모두 적어보라고 지시했다.

이미 많은 심리학 연구가 이런 실험에서 단순한 글자 크기나 소리보다는 의미를 물어보았을 때 그 단어를 기억할 확률이 증가한다는 사실을 규명했다. 그런데 이 연구에서는 네 번째 조건을 추가했는데, 해당 단어가 참가자 자신의 성향을 잘 묘사하는지 아닌지를 질문하였다. 실험 결과, 의미를 질문한 조건보다도 마지막 네 번째 자기 참조 조건에서 제시된 단어들을 기억할 확률이 훨씬 높았다. 즉, 자신과 관련지어 생각한 정보는 더 쉽게 기억되는 것이다.

우리 뇌는 애초부터 자신과 관련된 정보에 더 많은 관심을 기울이고 더 정교하게 처리하도록 설계되었을까? 20여 년 전에 자기 참조 기능의 신경학적 기제를 알아보고자 한 최초의 뇌 영상 연구가 있었다.[2] 이 실험에서 참가자는 화면에 제시되는 단어를 보고 그 단어가 자신 혹은 타인의 특성을 설명하는지 간단하게 '네' 또는 '아니오'로 답해야 했다. 타인 판단 조건에는 당시 미국 대통령이던 조지 부시가 제시되었다. 그리고 자신도 타인도 아닌 또 다른 통제 조건에서는 제시된 단어가 대문자인지 소문자인지 판단하는 과제를 수행했다.

실험 결과로 타인 판단이나 다른 통제 조건에 비해 자기 참조 조건에서 두 영역이 두드러지게 높은 반응을 보였는데, 그 가운데 하나가 바로 '문내측 전전두피질 rostromedial prefrontal cortex'이었다. 이는 이마 정중앙으로부터 5센티미터가량 뒤쪽에, 좌반구와 우반구의 전전두피질이 서로 맞닿은 경계면의 중간 지점에 위치하는 부위다(그림 10). 이 영역을 사회신경과학자들은 그 기능을 이름에 붙여 '자기 참조 영역 Self-referential area'이라 부르기도 한다.

그렇다면 자기 참조 영역으로 알려진 문내측 전전두피질은 자신

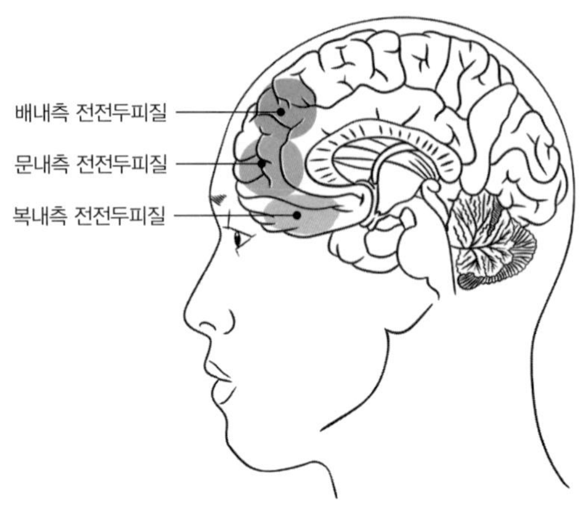

10 타인 판단 조건에 비해 자신 판단 조건에서
더 높은 활동을 보이는 문내측 전전두피질을
자기 참조 영역이라고 부르기도 한다.
(배: 등/위 방향, 문: 부리/입 방향, 복: 배/아래 방향)

에 관한 정보를 보다 쉽게 기억하는 능력, 즉 자기 참조 효과와 관련이 있을까? 문내측 전전두피질이 손상된 환자들을 대상으로 자기 참조 효과를 실험해본 결과, 예상대로 정상인보다 자신과 관련된 정보를 기억할 확률이 현저하게 낮은 것으로 밝혀졌다.[3] 그뿐만 아니라, 자기 참조 과제 중에 여러 단어가 제시될 때 문내측 전전두피질의 활동이 높았던 단어일수록 나중에 기억 검사에서 기억할 가능성이 높다는 것도 확인할 수 있었다.[4]

이는 자신과 관련된 정보 혹은 자신에게 의미 있는 정보는 다른 정보와는 달리 특별하게 처리되고 더 기억되기 쉬우며, 이러한 자기 참조 효과가 바로 문내측 전전두피질의 기능 덕분임을 잘 보여준다. 사실 우리가 어떤 정보를 기억하는 이유는 미래를 더 잘 예측하고 통제함으로써 나의 생존 확률을 높이기 위한 목적 때문이다. 그렇다면 다른 어떤 정보보다도 나와 관련된 정보를 더 잘 기억한다는 사실은 어쩌면 그다지 놀라운 일이 아닐지도 모른다.

엄마가 자녀를 동일시하는 신경학적 기제

내가 아닌 누군가와 나 자신을 동일시하는 현상은 매우 놀라운 심리적 현상이다. 동일시를 통해 우리는 타인의 기쁨과 고통을 마치 나의 것처럼 생생하게 느낄 수 있다. 아마도 동일시의 가장 대표적인 예는 자녀를 향한 부모의 마음이 아닐까?

우리 연구실에서는 오래전 EBS와 공동으로 모성애에 관한 뇌 영상 실험을 진행한 적이 있다. 이 실험은 앞서 이미 소개한 자기 참조 과제와 동일하다. 중학생 자녀를 둔 엄마 참가자들에게 엄마 자신, 자신의 아이, 피겨스케이트 선수였던 김연아의 성격 특성을 판단하는 과제를 수행하도록 요구했다. 그리고 통제 조건으로 사용된 김연아 판단 조건에 비해 자신 혹은 자신의 아이 판단 조건에서 더 활동이 증가한 뇌 부위를 알아보았다. 엄마들은 자신을 판단할 때와 자신의 아이를 판단할 때, 동일한 뇌 부위에서 활동이 증가할까? 예상대로 엄마들이 김연아에 비해 자신을 판단할 때 더 많이 사용한 부위는

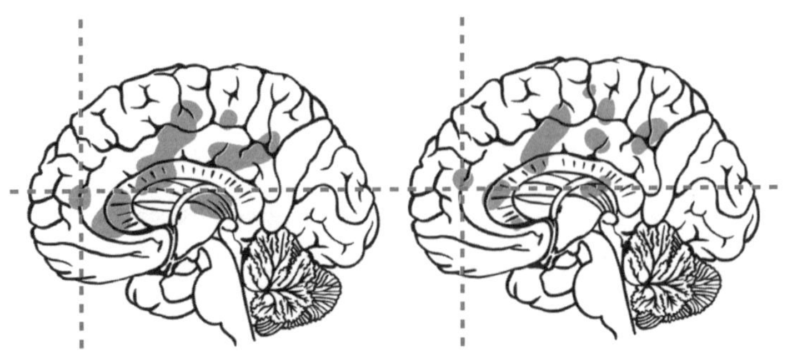

11 ◀ 엄마가 자신을 판단할 때 뇌 활동 ▶ 엄마가 자녀를 판단할 때 뇌 활동
두 조건에서 모두 반응하는 뇌 영역이 비슷하며,
두 선이 교차하는 지점이 바로 문내측 전전두피질에 해당한다.

문내측 전전두피질로 나타났고, 자신의 아이를 판단할 때도 동일한 부위가 활성화되는 것을 확인할 수 있었다(그림 11).

사실 엄마에게 자녀만큼 개인적으로 큰 의미를 지닌 타인은 존재할 수 없을 것이다. 이런 점을 고려하면 엄마들이 자신과 자녀를 판단할 때 동일한 뇌 활성화 패턴이 관찰된 것은 그리 놀라운 사실은 아니다. 자신과 자녀를 동일시하는 엄마의 뇌는 자녀를 위해 자신의 목숨까지 내던지는 놀라운 모성애를 가능케도 하지만, 자녀를 구속하는 가장 큰 장애물이 되기도 한다. 자녀의 문제를 마치 자신의 문제처럼 느끼고 이를 해결하기 위해 사생활까지 통제하거나, 자신이 갖지 못하고 이루지 못한 것을 자녀만큼은 아쉬워하지 않도록 수단과 방법을 가리지 않고 제공하기 위해 노력한다. 과거의 내가 경험했던 안타까움이 클수록 자녀를 향한 집착과 통제는 더 커진다. 이런 엄마의 강렬한 욕구는 자신의 마음을 이해하지 못하고 따르지 않는 자녀를 향한 분노로 이어지기도 하고, 때로는 아이를 향한 신체적 혹은 심리적 폭력으로 나타나기도 한다.

문내측 전전두피질이 자기와 관련된 정보를 처리하는 데 관여한다면, 이 부위의 활동은 나와 유사한 사람과 유사하지 않은 사람 간에는 어떤 차이를 보일까? 자기 참조 영역으로 알려진 문내측 전전두피질이 자신뿐 아니라 자신과 정치적 성향이 유사한 타인을 평가하는 상황에서도 활성화가 증가한다는 실험 결과가 있다.[5] 이처럼 자신과 유사한 사람과 유사하지 않은 사람의 정보를 처리하는 데 각기 다른 신경학적 회로가 사용된다는 점은 매우 흥미롭다. 어쩌면 우리 뇌는 이미 생물학적 수준에서 자신과 유사한 사람과 그렇지 않은 사람의 정보를 자연스럽게 구별해서 처리하도록 설계된 걸까? 자신과의 유사성 정도에 따라 다른 뇌를 사용한다는 사실은 집단 갈등의 원인을 해석하는 데 중요한 단서를 제공할 수 있다. 예를 들어, 자신과 유사한 내집단과 이와 대립하는 외집단을 구별하고, 외집단에 대한 왜곡된 편견을 형성하며 집단 간 갈등을 일으키는 원인에 관하여 신경과학적 해석이 가능할 수도 있다.

사람들은 싫어하는 사람과 자신을 명확히 구별 지으려 한다. 특히 부정적 속성을 지닌 타인과 정서적 거리를 많이 느끼는데, 테러리스트나 연쇄살인범 이름이 자신과 비슷할 경우 극심한 혐오감을 느끼는 것이 좋은 예다. 특히 위에 소개한 연구에서 참가자와 유사하지 않은 대상으로 사용된, 정치적 태도나 신념이 나와 다른 타인의 경우도 강렬한 부정적 인상이나 감정을 유발할 수 있다.

이러한 점에 착안하여 최근에 새롭게 수행한 또 다른 연구에서는 나와 유사한 사람과 유사하지 않은 사람 사이에서 느끼는 정서에 차이가 없도록 조건을 통제해보았다. 그 결과 문내측 전전두피질에서 나타난 '유사성 효과'는 사라져버렸다. 즉 유사한 사람과 유사하지 않은 사람 간에 반응의 차이가 없어진 것이다. 대신 이번엔 중요한 개인적 의미personal significance를 지닌 타인에 대해서는 문내측 전전두피질의 활동이 증가하는 것을 발견했다.[6] 나와 유사하지만 낯선 타인보다, 나와 유사하지 않지만 개인적 의미를 지닌 친한 친구에게 문내측 전전두피질이 더 높게 반응한 것이다.

나에게 개인적 의미를 지니는 타인이란 사람마다 생각의 차이가 클 수 있다. 어떤 이는 가족에게 큰 의미를 두기도 하고 다른 이는 친구에게 큰 의미를 두기도 한다. 그리고 이러한 경향성은 문화적으로도 차이를 보일 수 있다. 흥미롭게도 서양인 참가자를 대상으로 한 연구에서는 친구와 자신에 대한 문내측 전전두피질의 반응이 비슷한 수준으로 높게 나타났지만, 동양인 참가자를 대상으로 한 연구에서는 친구보다 가족 구성원인 어머니에 대해서는 문내측 전전두피질 반응이 더 높았으며 자신에 대한 반응과 유사한 수준으로 나타났다.[7] 이러한 차이는 가족과 친구에 관한 개인적 의미가 문화에 따라 다르기 때문일 것이다. 동양 문화권에서는 친구보다 가족을 자신과 유사하게 생각하는 반면, 서양 문화권에서는 가족보다 친구를 자신과 더 유사하게 생각하는 경향성이 있을 수 있다. 물론 이런 해석은 어디까지나 집단 간 평균적 차이를 말하는 것이고 각 집단 내에서도 개인 간에는 큰 차이가 있을 수 있다.

보통은 자신과 유사한 사람을 의미 있고 중요한 존재로 생각하지만, 반드시 그런 것은 아니다. 유사한 부분 또한 개인적으로 중요한 의미를 지녀야 한다. 예를 들어, 취미와 출신 학교라는 두 차원을 고려해보자. 취미에 더 의미를 부여하는 사람은 취미가 같은 사람을 자신과 유사한 사람으로 생각할 것이다. 반면 출신 학교에 더 큰 의미를 두는 사람은 출신 학교가 같은 사람을 더 자신과 유사하다고 생각할 수 있다.

내측 전전두피질의 위계 구조

자신뿐 아니라 동일시하는 가족이나 친구를 판단할 때 문내측 전전두피질이 활성화되는 이유는 뭘까? 과연 이 부위의 어떤 특성이 이러한 기능적 차이를 만들어내는 것일까? 이 질문을 답하기 전에 내측 전전두피질의 해부학적 그리고 기능적 분화에 대해 좀 더 깊이 알아보도록 하자.

사실 내측 전전두피질medial prefrontal cortex은 단일한 뇌 부위로 볼 수 없다. 전전두피질의 좌반구와 우반구가 서로 만나는 지점의 넓은 부

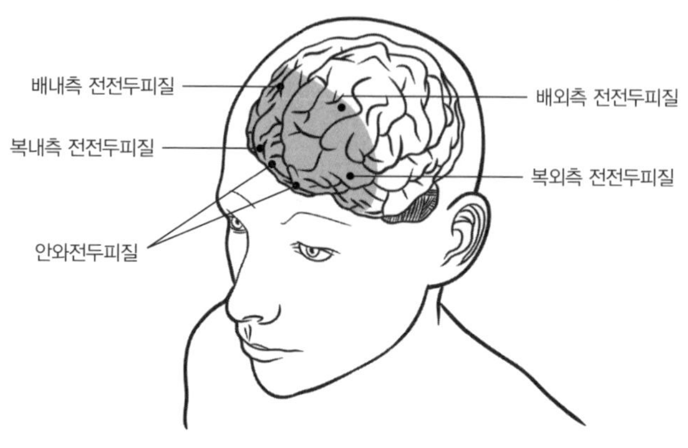

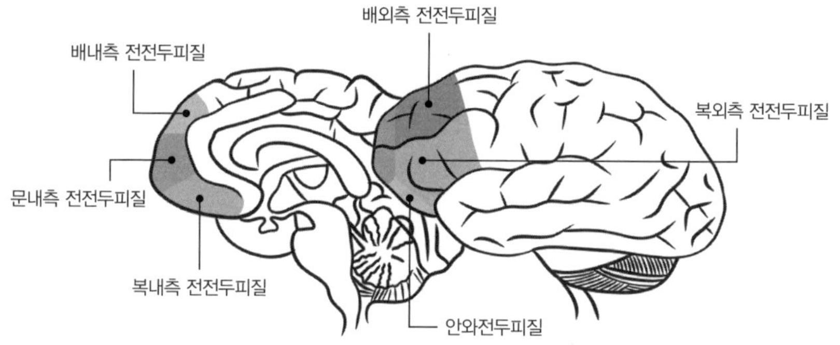

12 내측 전전두피질은 단일한 뇌 부위로 볼 수 없으며,
여러 하위 영역을 어떤 기준으로 구분할지
해석이 분분하여 아직 명확한 결론은 없다.

위를 모두 포함하는 내측 전전두피질은 해부학적으로도, 기능적으로도 구분되는 하위 영역들로 나뉜다(그림 12). 이 하위 영역들을 어떤 기준으로 구분할지는 여러 다른 해석이 존재하고 아직 명확한 결론은 없는 상황이다. 하지만 앞서 소개한 능동적 추론 이론과도 일맥상통하는 최근의 새로운 이론을 살펴보고자 한다.

이 이론을 소개하기 전에 먼저 한 작은 동네 카페를 운영하는 사장과 이제 막 일을 배우기 시작한 알바생(아르바이트 직원)을 떠올려보자. 이전에 일하던 카페에서 아이스 아메리카노만 만들어봤던 알바생은 다른 종류 커피는 한 번도 만들어본 적이 없다. 다행히 다른 메뉴를 요구한 고객이 없어서 지금까지는 문제가 없었다. 그러던 어느 날 처음 방문한 고객이 (카페)라테를 주문했다. 순간 당황한 알바생은 사장을 찾는다. 사장은 고객에게 뭘 원하는지 다시 자세히 묻고는 능숙한 솜씨로 라테를 만들고 알바생은 옆에서 이를 신중하게 지켜본다. 이렇게 힘겹게 첫 번째 라테 고객을 응대한 후 일주일이 지나 또 다른 고객이 찾아와 라테를 주문한다. 이번엔 옆에서 지켜보는 사장의 도움을 받으면서 알바생이 직접 만든다. 그리고 이런 일이 수차례 반복되면 나중에는 알바생 혼자서도 라테 주문 고객을 능숙하게 맞을 수 있게 된다.

위 사례를 내측 전전두피질의 위계 구조를 이해하는 데 적용해보자. 가장 아래쪽에 있는 복내측 전전두피질ventromedial prefrontal cortex은 알바생에 해당한다. 이전에 배워서 반복적으로 해왔던 작업은 능숙하고 빠르게 해낼 수 있다. 이 작업은 대부분 별문제 없이 성공적으로 끝난다. 하지만 예상치 않은 상황이 발생하면, 혼자서 문제를 해결할 수 없고 다른 부위의 도움이 필요하다. 가장 위쪽에 있는 배내측 전전두피질dorsomedial prefrontal cortex은 사장에 해당한다. 사장님은 알바생에 비해 전문 지식과 적용 능력을 충분히 갖추었으며 단순한 문제뿐 아니라 복잡한 문제도 많이 해결할 수 있다. 라테를 주문하는 고객과 마주했을 때 알바생이 사장을 불렀듯, 혼자 해결하기 어려운 문제가 발생하면 복내측 전전두피질은 배내측 전전두피질에게 도움을 요청하고 배내측 전전두피질은 이에 응답하여 복내측 전전두피질을 돕는다. 그리고 이후 라테를 주문하는 고객이 여러 번 방문하면 알바생 혼자서도 상황을 해결할 수 있게 되듯, 비슷한 상황이 반복적으로 발생하면 초기엔 배내측 전전두피질의 도움을 요청하던 복내측 전전두피질이 이젠 배내측 전전두피질의 도움 없이 혼자서도 문제를 해결하게 된다(그림 13).

내측 전전두피질의 아래로 갈수록 신체 내부의 신호에 민감하고 위로 갈수록 외부 환경의 신호에 민감한 것으로 알려져 있으며, 이러한 위계 구조를 통해 사회적 가치 계산에 관여하는 것으로 알려져 있다.[8] 다시 말해서, 복내측 전전두피질은 신체 각 기관의 신호를 전달하는 뇌 부위들과 주로 연결된 반면, 배내측 전전두피질은 시각·청각·촉각 등 외부 환경의 신호를 전달하는 뇌 부위들과 주로 연결되어 있다.

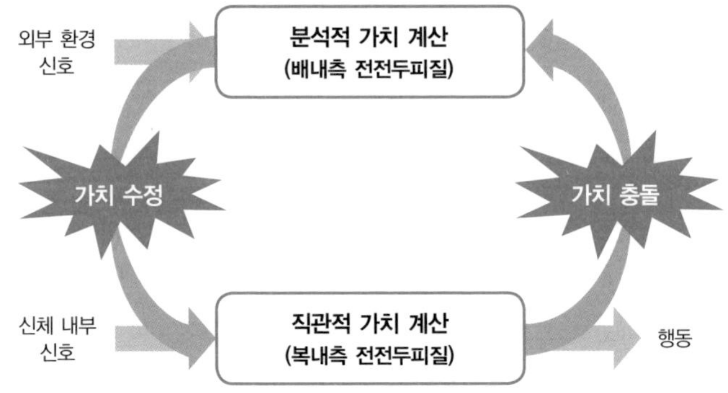

13 복내측 전전두피질은 배내측 전전두피질과 밀접한 상호 작용을 통해 가치 수정 과정을 거친다.

아기는 태어나기도 전부터 신체의 신호에 이미 익숙하다. 심장과 각종 내장 기관들에서 오는 내부 감각 신호에 어떻게 대응할지 이미 숙지한 상태로 세상에 나온다. 하지만 나오는 순간부터는 세상이라는 전혀 새로운 환경에서 오는 외부 감각 정보에 노출되고 신체 항상성을 유지하기 위해 이 환경을 활용하는 방법들을 하나씩 배워 나가야 한다. 이 때문에 내부 감각 신호에 주로 반응하는 복내측 전전두피질은 외부 환경 신호에 주로 반응하는 배내측 전전두피질의 도움이 절실할 수밖에 없다. 배내측 전전두피질의 도움을 받기 시작하면서 복내측 전전두피질은 신체 항상성 유지를 위해 환경을 활용하는 방법을 터득하게 된다. 예를 들어, 아기 때는 체온이 떨어지면 근육 긴장도를 높여 몸을 떠는 행동을 유발함으로써 체온을 높이는 수동적 방법을 사용했다면, 자라서는 옷을 찾아 입는 행동을 취해 추위를 경험하기 전에 미리 방지할 수 있도록 주변 환경을 활용하는 방법을 사용한다. 복내측 전전두피질과 배내측 전전두피질 간의 이러한 긴밀한 상호 협력 과정이 바로 알로스테시스의 가장 핵심적 기능이다.

이러한 위계 구조를 고려할 때, 복내측 전전두피질과 배내측 전전두피질의 중간에 있는 문내측 전전두피질의 기능은 좀 더 특별하다. 해부학적 위치를 통해서도 알 수 있듯, 이 부위는 내부 신호와 외부 신호를 모두 통합하여 이들 간 균형을 찾아가는 기능을 담당하는 것처럼 보인다. 실제로 이 부위는 상황에 따라 유연하게 가치를 수정해서 선택하는 순간 그 활동이 증가하는 것으로 밝혀졌다. 이 부위가 자기와 가장 밀접하게 관련된 영역으로 밝혀진 사실을 토대로 유추해 볼 때, 신체가 만들어내는 생명 유지의 욕구가 환경이라는 제약과 충돌할 때 이 두 힘 사이 균형을 유지하고자 노력하는 기능을 담당하고 이 과정에서 바로 '자기'라는 개념이 비로소 만들어진다고 추론해 볼 수 있다.

타인의 기대를 깨는 뇌는 불안하다

앞서 문내측 전전두피질의 활동에 자신과의 유사성보다도 개인적 의미 여부가 더 크게 영향을 미친다는 사실을 살펴보았다. 하지만 여전히 의문이 남는다. 자신 혹은 자신에게 중요한 의미를 지니는 누군가에 대해 생각하거나 판단할 때, 과연 문내측 전전두피질의 활동은 왜 증가하며 어떤 기능을 담당하는 걸까?

이 질문에 답하기 전에, 자신 혹은 타인을 판단할 것을 요구받는 실험 상황을 머릿속에서 상상해보자. 참가자로서 MRI 장비 안에 누워 화면에 제시되는 형용사를 보면서, 예를 들어 '현명하다'라는 단어가 자신을 얼마나 잘 설명하는지 판단한 뒤 답해야 한다고 가정해보자. 나와 전혀 관련 없는 타인에 대해 이런 판단을 내릴 때와 비교해, 자신 혹은 자신과 가까운 누군가를 판단할 때는 분명 심리 상태가 달라질 것이다. 실제로 나 자신 혹은 내 가족이 현명한 사람이라고 생각하든 어리석은 사람이라고 생각하든, 이 질문에 답변하기 전에 다음과 같은 마음으로 머뭇거릴 수 있다. '내가 이렇게 답하면 실험자는 과연 나에 관해 어떤 생각을 할까?' 혹시 문내측 전전두피질의 활동이 증가하는 이유는 이처럼 나의 답변을 타인이 보고 난 후 나에 대해 갖게 될 인상이나 평판을 염려하기 때문은 아닐까?

인상 혹은 평판 관리를 위한 신경 회로

이 질문에 답하기 위해 우리 연구실의 윤이현 박사는 문내측 전전두피질의 '평판 관리 기능'을 알아보기 위한 실험을 고안했다.[9] 이 실험에서 참가자들은 이전 연구와 동일하게 단순한 자기 참조 과제를 수행했는데, 이번엔 타인 조건에서 미국 대통령 대신 자신의 친구 중 한 명을 선택하도록 요구했다. 그리고 평판 관리 기능을 알아보기 위해 참가자들을 관찰 집단과 통제 집단으로 나누어서 관찰해보았다. 관찰 집단의 참가자들에게는 실험 시작 전에 다음 지시문을 전달했다. 컴퓨터 오작동 때문에 참가자 답변을 자동으로 기록하는 기능에 문제가 발생했고, 따라서 바깥에 놓인 모니터에 표시되는 참가자가 선택한 답변을 실험자들이 하나씩 직접 컴퓨터에 수작업으로 기록할 예정이라고 알려주었다. 통제 집단에게는 이러한 지시 사항을 전달하지 않았다.

실험 결과, 예상대로 관찰 조건에서는 자신에 대한 부정적 판단을 꺼리는 경향성이 증가했다. 하지만 예상과는 달리 자신을 더 긍정적으로 판단하는 경향성은 증가하지 않았다. 그런데 가장 놀라운 결과는 친구에 관한 판단에서 나타났다. 흥미롭게도 관찰 상황에서 친구를 더 긍정적으로 판단하는 경향성이 증가했고 이런 경향성은 다른 어떤 관찰 효과보다 더 강력했다. 왜 이런 결과가 나왔을까? 혹시 사람들은 친구를 긍정적으로 판단함으로써 자신의 평판을 높이려 하는 것은 아닐까?

이 질문에 답하기 위해서는 또 다른 실험이 필요했다. 이번에는 새로운 참가자를 모집해서 실험에 사용되었던 단어들의 평판가를 측정해보았다. 즉, 자신을 현명하다고 평가하는 사람 혹은 자신의 친구를 현명하다고 평가하는 사람을 볼 때 얼마나 긍정적인 혹은 부정적인 인상이나 평판을 느끼는지를 물어보았다. 그 결과 앞선 행동 실험 결과와 유사하게 자신을 더 부정적 단어로 평가하는 사람에 대해서는 부정적 인상을 가졌다. 그리고 흥미롭게도 자신을 더 긍정적 단어로 평가한 사람에 대해서는 그다지 긍정적 인상을 갖진 않았다. 이는 아마도 지나치게 자신을 긍정적으로 포장하는 소위 잘난 척하는 사람을 볼 때 느끼는 불편함 때문일 수 있다. 이 결과를 볼 때, 앞선 실험의 관찰 상황에서 자신을 더 긍정적으로 묘사하지 않은 이유는 아마도 잘난 척하는 사람에 대한 비난을 피하고자 하는 일종의 '겸손 편향' 때문이라고 해석해볼 수 있다.

그렇다면 자신의 친구를 더 긍정적으로 판단하는 사람에 대해서는 보통 어떤 인상을 가질까? 예상대로 사람들은 친구를 긍정적으로 판단하는 사람에게 더 좋은 인상을 느끼는 것으로 밝혀졌다. 다시 말하면 친구를 다른 이에게 소개할 때 긍정적 측면은 강조하고 부정적 측면은 피하는 것이 자신을 긍정적으로 소개하는 것보다 오히려 본인 평판을 높이는 데 더 안전하고 효과적인 전략일 수 있음을 잘 보여준다.

그렇다면 과연 문내측 전전두피질 활동은 이러한 평판 관리 행동과 관련이 있을까? 이 질문에 답하기 위해 참가자들이 자신과 친구를 판단하는 동안 fMRI를 통해 뇌 반응을 관찰해보았다. 먼저 단어의 정서가(긍정적 혹은 부정적 감정을 나타내는 정도)에 따라 신호의 크기가 달라지는 부위를 찾는 분석을 실시했다. 이 단어 정서가는 이전 연구에서 많은 사람이 동일한 단어들을 평가한 값의 평균치를 사용했다. 그 이유는 평판에 민감한 사람일수록 실제 그 단어가 자신 혹은 친구를 설명하는 데 적절한지 여부보다는 많은 사람이 그 특성을 얼마나 긍정적 혹은 부정적으로 보는지에 더 민감할 것이라 예상했기 때문이다. 그리고 이렇게 단어 정서가에 따라 활동 수준이 변화한 정도가 통제 집단보다 관찰 집단에서 더 큰 부위, 즉 관찰 효과를 보인 뇌 부위는 어디인지 알아보았다. 그 결과 예상했던 대로 문내측 전전두피질의 반응이 관찰되었다.

이 부위의 활성화 패턴을 자세히 들여다본 결과, 자신을 판단하는 조건에서는 단어가 덜 부정적일수록 신호의 크기가 증가한 반면, 친구를 평가할 때는 단어가 긍정적일수록 신호의 크기가 증가했다. 얼핏 보면 이 둘은 반대 기능으로 보인다. 하지만 좀 더 생각해보면 평판을 위협하는 행동은 피하고 평판에 득이 되는 행동은 취한다는 점에서는 둘 다 평판 관리 행동으로 볼 수 있다. 다시 말해 관찰 집단은 통제 집단에 비해 자신은 덜 부정적으로 평가하고 친구는 더 긍정적으로 판단했다. 이 두 행동은 모두 타인에게 긍정적 인상을 주기 위한 평판 관리 행동으로 볼 수 있으며 문내측 전전두피질의 증가된 활동과 관련 있음을 확인할 수 있었다. 누군가 자신을 지켜볼 때 문내측 전전두피질은 자신의 평판에 해가 되는 행동은 억누르고 반대로 평판에 도움이 되는 행동은 촉진하는 기능을 담당한다고 해석해볼 수 있다.

이 연구 결과는 또 다른 중요한 점을 시사한다. 바로 문내측 전전두피질의 활동이 자신을 판단하는 조건뿐 아니라 친구를 판단하는 조건에서도 활동이 증가했고, 단어의 정서가에 따라 다른 반응을 보였다는 사실이다. 이런 증거들을 고려할 때, 이 부위를 단순히 '자기 참조 영역'으로 보는 해석은 더는 적절하지 않아 보인다. 오히려 '평판 추구 기제' 혹은 '평판 관리 기제'라는 이름이 더 어울리지 않을까? 앞서 복내측 전전두피질과 배내측 전전두피질의 사이에 위치한 문내측 전전두피질은 신체 내부로부터 오는 신호와 외부 환경으로부터 오는 신호 간의 균형점을 유지하는 기능을 담당한다고 말했다. 문내측 전전두피질의 이런 기능은 평판 관리 기능과 과연 어떤 관련이 있을까?

예를 들어 '게으르다'라는 단어로 나를 판단하는 상황을 떠올려보자. 아마 평소에 내 모습을 기억하는 나는 직관적으로 빠르게 '네'라는 답을 떠올릴 수 있다. 하지만 동시에 내 답변을 본 실험자들이 나를 부정적으로 평가할까 봐 걱정할 수도 있다. 이런 생각이 드는 순간 나는 '네'라는 답변을 억누르고 '아니오'를 향해 손가락을 옮길 것이다.

이런 과정은 주변 상황에 대한 정보를 추가적으로 취합해서 직관적이고 내재화된 가치를 계산하는 복내측 전전두피질의 기능을 잠시 억누르는 문내측 전전두피질의 중재 기능과 관련될 수 있다. 이와 유사한 상황에 반복적으로 노출되면 이제는 문내측 전전두피질의 도움 없이도 능수능란하게 자신에 관해 사실과 다른 판단을 내릴 수 있고 심지어 이런 판단을 진실로 믿게 될 수도 있다. 평판 관리는 세상과 나를 있는 그대로 보는 것이 아니라 타인의 시선을 기준으로 바라보는 습관을 하나씩 학습해가는 과정을 포함한다. 그리고 이런 과정을 통해 나는 점차 사실과 다른 왜곡된 자기 개념을 형성해나간다.

나보다 낮은 계급을 혐오하는 마음의 근원

앞서 사회적 행동의 가치가 형성되고 유지되는 과정을 신경과학적으로 설명하는 새로운 이론을 소개한 바 있다. 인간은 기본적으로 타인의 기대에 부합하는 방향으로 행동하려는 강력한 내적 동기를 지니며, 이는 나의 행동을 예측하는 데 실패한 타인이 예측하기 어려운 행동을 보일 상황을 피하려는 동기에서 비롯한다는 주장이었다.[10] 타인의 기대를 깨는 행동은 내가 기대하지 않은 타인의 행동을 유발할 가능성이 높고, 그 결과로 예측하기 어려운 사회적 환경을 마주하게 될 것이다. 예측 불가능한 사회적 환경 때문에 나는 신체 에너지를 추가로 소비해야 할 테고 이를 감지한 뇌는 불안감이라는 감정을 만들어낼 것이다. 신체 에너지라는 유한한 자원을 최대한 효율적으로 사용하도록 설계된 우리 뇌는 이 불안감을 해소하기 위해 자연스럽게 타인의 기대에 부합하는 방식으로 행동하도록 운명 지어져 있다는 것이다.

이 새로운 이론은 인간이 도덕적 직관moral intuition을 형성하고 사회적 압력에 따라 행동하는 현상을 생물학적 수준에서 설명하는 데 매우 유용한 토대를 제공한다. 그뿐만 아니라 앞서 소개한 내측 전전두피질의 위계 모형과도 일치한다. 예를 들어 나와 누군가의 의견이 일치한다는 사실을 인식하는 순간 주로 반응하는 뇌 부위는 복내측 전전두피질로 알려져 있다.[11] 반면 나와 상대방의 의견이 불일치한다는 사실을 인식하는 순간 주로 반응하는 뇌 부위는 배내측 전전두피질로 밝혀졌다.[12]

복내측 전전두피질은 주로 오랜 경험을 통해 안정적으로 유지되는 가치들이 저장된 곳이다. 반대로 배내측 전전두피질은 복내측 전전두피질에서 예측 오류를 전달받아 활성화되며, 외부 환경으로부터 추가 정보들을 수집하여 새로운 가치를 찾아 복내측 전전두피질에 저장된 가치를 수정하는 역할을 수행한다. 나와 타인의 기대가 일치하면 추가 에너지 사용이 불필요한 상황이지만, 둘 간의 기대가 불일치하면 복내측 전전두피질이 미처 예측하지 못한 상황이어서 추가 에너지 사용이 불가피할 수 있다. 이런 상황에게 우리 뇌는 불안감이라는 이름을 붙인다. 그리고 이러한 불안감을 회피하도록 설계된 우리 뇌는 자연스럽게 타인의 의견을 따라가는 동조 행동을 보인다. 동조 행동은 불필요한 신체 에너지를 낭비하지 않고 생존 가능성을 극대화하기 위한 뇌의 전략적인 대응 방법이다.

물론 상대방과 의견이 일치하지 않는다고 우리가 항상 불안감을 느끼고 타인의 의견을 따라가기만 하는 것은 아니다. 예를 들어 그 상대방이 나에게 어떤 의미인지에 따라 나의 행동은 달라질 수 있다. 실제로 우리 연구실 소속 김대은 연구원이 최근 진행한 연구에서 이를 확인했다. 나보다 계급이 높은 사람과 의견이 일치할 때, 계급이 낮은 사람과 의견이 일치할 때보다 복내측 전전두피질의 활동이 더 높게 나타난 것이다.[13] 또한 이전 연구에서도 사회적으로 격리되어야 하는 사이코패스와 자신의 선호가 일치할 때, 복내측 전전두피질 대신 오히려 그보다 더 위쪽에 위치한 배내측 전전두피질이 활성화되는 것으로 밝혀졌다.[14]

주로 직관적으로 내재화된 가치 계산을 담당하는 복내측 전전두피질과 달리 배내측 전전두피질은 가치들 사이 충돌이 발생할 때, 혹은 이러한 충돌을 해소하고 더 정교한 새로운 선택과 행동을 찾고자 할 때 주로 활성화되는 것으로 많이 알려져 있다. 자연스럽게 내 의견을 표현하는 선택 그리고 그 선택이 사회적으로 비난받는 사람의 것과는 다르기를 원하는 마음은 서로 충돌할 수 있다. 사회적으로 용납할 수 없는 행동을 저지른 사이코패스와 자신의 의견이 같다는 것을 아는 순간, 어쩌면 나는 처음의 선택을 바꿔버리고 싶을 수 있다. 그리고 이처럼 자연스러운 선택을 다시 수정하는 과정은 여러 많은 정보를 추가적으로 고려하도록 만들므로 신체 에너지의 소모가 불가피하다.

어쩌면 우리는 단순히 타인과 서로 기대가 일치하기를 바란다기보다, 사회적으로 승인되거나 타인에게 더 많이 인정받는 가치에 내 자원을 집중하고자 하는 강력한 동기를 지닌 것으로 보인다. 다시 말해서, 나보다 계급이 높은 사람의 의견에 가까워지려는 행동과 사이코패스의 의견과 멀어지려는 행동은 둘 다 신체 에너지라는 제한된 자원을 더 효율적으로 사용하여 나의 생존 가능성을 극대화하려는 전략적 선택인 것이다.

이러한 선택과 집중이라는 뇌의 핵심적 작동 원리는 우리가 주변의 계급 높은 사람을 추앙하고 계급 낮은 사람을 혐오하는 마음을 품도록 만드는 가장 근본적인 원인일 수 있다. 게다가 이런 마음은 우리가 속한 공동체에서 더 많은 구성원의 지지와 호감을 얻고 상대적으로 더 높은 지위를 얻도록 해주는 원동력이 되기도 한다.

자존감,
신체 항상성을 유지하는 힘

주변 사람의 기대를 정확하게 예측할 수 있다는 것은 그들의 행동을 나의 통제 아래 둘 수 있음을 의미한다. 그들이 원하는 것을 정확히 파악한다면 그 정보를 토대로 내가 원하는 방향으로 그들을 행동하도록 만들고 그들에 대한 내 영향력을 높일 수 있을 터이다. 이처럼 주변의 물리적 환경을 내가 원하는 대로 통제할 수 있는 능력에 대한 추정치가 '자기감'이라면, 주변 타인들이라는 사회적 환경을 내가 원하는 대로 통제할 수 있는 능력에 대한 주관적 추정치를 '자존감'이라 할 수 있다.

이런 식의 정의는 사실 우리가 지금까지 알던 자존감의 의미와는 다소 차이가 있다. 전통적으로 심리학에서 사용하는 자존감이라는 용어는 개인이 외부 평가와는 상관없이 자기에 대해 갖는 가치 판단을 가리킨다. 좀 더 구체적으로 말해서, 자신이 얼마나 존중받을 만한 사람이라고 생각하는지 그리고 얼마나 유능한 사람이라고 생각하는지 등에 대한 주관적인 판단을 의미한다. 그래서 자존감은 내가 나를 어떻게 보는지를 의미하므로 다른 사람이 나를 어떻게 보는지와는 무관하다고 흔히 말한다. 하지만 과연 그럴까? 내가 나를 보는 시각이 다른 사람이 나를 보는 시각과 완전히 무관할 수 있을까?

우리 뇌 속의 '사회적 계량기'

자존감이란 내가 나를 바라보는 방식을 가리킨다는 최근 연구가 많이 있지만, 여기에도 다른 사람이 나를 어떻게 보는지에 대한 내 생각은 반영된다.[15] 이 이론에 따르면, 우리 뇌 속에는 일종의 '사회적 계량기sociometer'라 불리는 장치가 있어서 주변 타인이 나에게 보내는 수용 혹은 배제의 사회적 단서들을 끊임없이 탐지하고 모니터링한다. 그리고 이렇게 사회적 계량기를 통해 수집된 사회적 단서를 토대로 자존감은 매 순간 수정된다. 다만 타인이 나를 어떻게 보는지에 관한 나의 인식은 무의식적으로도 일어나므로, 내 자존감이 결국은 타인이 나를 어떻게 보는지에 관한 나의 인식과 관련 있음을 알아차리기란 매우 어려울 수 있다. 즉 자기 보고에 의존한 자존감 연구는 제약이 많을 수밖에 없으며, 따라서 자존감에 관한 뇌과학적 연구가 매우 중요한 통찰을 제공해줄 수 있다.

사실 뇌가 자기감을 형성하고 유지하기 위해 사용하는 알로스테시스 과정의 궁극적인 목적은 바로 신체 항상성 유지라는 생명의 목적과 다르지 않다.[16] 따라서 이 신체 항상성 유지라는 목적에 부합하지 않는 상황과 마주칠 때, 뇌는 위협을 느끼고 이를 회복하기 위해 노력한다. 그리고 이러한 뇌의 노력은 자존감이라는 개념과 밀접하게 관련된다. 문내측 전전두피질을 중심으로 한 신경 회로는 신체 항상성 조절을 위한 반사 회로reflext circuit의 설정값을 조정하는 알로스테시스 조절 회로라고 말할 수 있다.[17] 신체 항상성의 예측과 유지를 위한 알로스테시스 조절의 정교화 과정을 통해, 우리 신체 반응은 외부에 존재하는 세상이라는 환경의 압력과 요구에 따라 조각shaping되어간다. 그리고 이 과정에서 나타나는 것이 '자기'라 할 수 있다.[18]

이러한 관점에서 볼 때, 자기는 신체와 환경 혹은 나와 타인 간의 관계를 통해서만 규정될 수 있다. 또한 자기라는 개념은 고정된 것이 아니라 끊임없이 변화하는 신체 상태와 외부 환경 간의 최적의 조합을 찾아가는 유동적인 과정으로 보아야 할 것이다. 일생 동안 내 모든 행동은 신체를 세상이라는 외부 환경에 끼워 맞추는 과정의 반복이며, 자기는 이 과정을 통해 생성되고 변화한다. 이 자기를 규정하는 과정에서 외부 환경의 제약이 지나치게 강하거나 내부 신체의 요구 신호가 과도할 때 불균형은 발생한다. 타인에게 인정받고 싶은 강한 욕구와 인정받기 어려운 조건이 만났을 때, 안정된 균형점으로부터 멀어진 이러한 순간이 자존감 불균형 상태인 셈이다.

자존감 낮은 사람이 특히 에너지를 쏟는 것

우리는 일상에서 자존감이 높거나 낮다는 말을 자주 사용한다. 그리고 사회적 상황에서 타인과 관계를 맺을 때 자존감이 높은 사람과 낮은 사람은 큰 차이를 보이는 것으로 알려져 있다. 이러한 차이는 어떻게 설명할 수 있을까?

우리는 사회적 상황에서 어떤 선택을 할 때마다 그 결과를 예상하고 평가한다. 이러한 평가 과정은 의식적으로 또는 무의식적으로 이루어진다. 예를 들어, 새로 이사 온 아파트 엘리베이터에서 처음 만난 누군가에게 말을 거는 행동이 그 사람의 반가운 인사와 호감을 이끌어낸다면, 그 결과 나에게 긍정적 감정을 유발할 수 있다. 반대로 같은 행동에 무반응이나 싸늘한 눈초리만 돌아온다면, 나는 괜한 행동을 했다는 생각에 부정적 감정을 느낄 수 있다. 이처럼 우리는 아무리 사소할지라도 어떤 사회적 행동의 결과를 평가하는 과정에서, 그 선택의 결과가 우리에게 줄 이익과 비용을 모두 고려하게 된다.

주목할 점은, 이익과 비용을 비교하는 과정에서 사람마다 각각의 가중치가 다를 수 있고 그 차이는 자신이 경험해온 과거 선택의 결과들에 따라 달라진다는 것이다. 일반적으로 자존감이 높은 사람은 사회적 행동의 결과를 계산할 때 이익에 더 많은 가중치를 부여한다. 이는 타인과의 사회적 관계가 지니는 가치를 더 강하게 느낀다는 의미다. 그 결과 이들은 새로운 사람을 만나려 시도할 때 이 행동의 결과가 초래할 비용에 대해서는 상대적으로 주의를 기울이지 않는다. 아마도 높은 자존감을 가진 사람들의 사회적 계량기는 일시적인 사회적 실패에는 흔들리지 않을 만큼 충분한 완충제 역할을 담당한다고 볼 수 있겠다. 그 결과 사회적 실패에 덜 영향을 받거나 그로 인해 초래되는 비용도 간과할 가능성이 높다.[19] 즉, 엘리베이터 안에서 자신의 인사에 상대방이 보인 퉁명스러운 반응은 다음번에 다른 낯선 사람이 자신에게 보일 반응에 대한 예측치를 수정할 만큼 놀라운 사건이 아닐 수 있다. 이는 아마도 이전에 수많은 유사한 경험 속에서 상대방에게 받아온 긍정적 반응들 덕분일 수 있다. 이 경우 자존감이 높은 사람은 자신의 예측치를 수정하기보다는 방금 전 엘리베이터에서 만난 그 사람이 특이한 사람이었기 때문이라고 생각할 것이다.

동일한 상황에서, 자존감이 낮은 사람의 선택 과정은 매우 다를 수 있다. 이들은 타인에게 받아들여지리라는 믿음이 낮으며, 자신이 두려워하는 상대방의 거절은 특히 고통스럽게 느낀다. 따라서 상대방의 거절이 초래할 비용에 더 높은 가중치를 부여하여 사회적 행동의 결과를 평가하곤 한다. 엘리베이터에서 상대방이 보낸 퉁명스러운 반응을 무시하기보다는 자신의 부정적 예측치를 더 공고히 하거나 오히려 더 낮추는 데 사용하는 것이다. 결과적으로 이들은 앞으로도 동일한 상황에서 낯선 이에게 인사를 건네는 일은 점점 더 어려워질 가능성이 높다.

자존감이 높은 사람과 낮은 사람의 뇌는 타인의 사회적 평가에 다르게 반응할까? 이 질문에 답하기 위해, 2006년에 발표된 한 연구에서는 타인이 자신을 평가하는 그 순간의 뇌 반응을 측정해보았다.[20] 이 연구의 참가자들은 실험에 참여하기 몇 주 전 증명사진을 찍었고, 실험 전에 타인이 그 사진을 본 후 인상 평가를 할 것이라는 설명을 들었다. 그리고 본 실험에서 참가자들은 fMRI 장비 안에서 자신을 평가한 타인의 사진을 차례대로 보면서 "이 사람을 좋아할 것 같나요?"라는 질문에 '네' 혹은 '아니오'로 답하며 이들에 관한 첫인상을 확인하였다. 참가자들이 버튼을 눌러 답을 한 잠시 후, 이번에는 자신에 대한 상대방의 평가 결과가 동일하게 '네' 혹은 '아니오'로 제시되었다. 물론 이 평가 결과는 실제가 아니라 실험자가 임의로 조작한 정보였지만, 참가자들은 실제 타인이 자신을 평가한 결과라고 믿었다. 그리고 자신에 대한 상대방의 인상 평가 결과가 제시되는 순간 참가자들의 뇌 반응을 측정해보았다.

그 결과, 부정적 사회적 피드백에 비해 긍정적 사회적 피드백에 대해 더 큰 반응을 보이는 뇌 부위를 확인할 수 있었다. 바로 앞에서 다양한 종류의 보상에 주로 반응하는 것으로 알려진 복내측 전전두피질이었다. 이 부위에서의 반응이 혹시 참가자의 자존감에 따라 달라지는지 알아보기 위해, 설문지로 조사한 자존감 수준에 따라 높은 자존감 집단과 낮은 자존감 집단을 구분해서 살펴보았다. 그림 14에서 볼 수 있듯이, 자존감이 낮은 사람은 부정적 피드백에 비해 긍정적 피드백에 훨씬 더 높은 반응을 보인 것을 확인할 수 있었다. 반면,

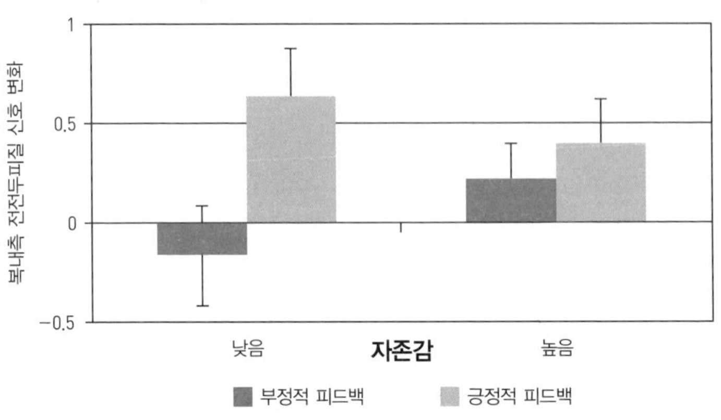

14 자존감이 높은 사람과 낮은 사람의 복내측 전전두피질이 사회적 평가에 반응하는 정도의 차이

자존감이 높은 사람은 복내측 전전두피질의 활동이 긍정적 피드백과 부정적 피드백 간에 차이를 보이지 않은 것으로 나타났다.[21]

이는 아마도 자존감이 낮은 사람은 높은 사람보다 사회적 보상에 대한 갈망이 더 높은 상태라는 의미는 아닐까? 마치 오랫동안 굶주린 사람이 음식이라는 보상에 더 민감하게 반응하듯이, 자존감 낮은 사람의 보상 시스템은 사회적 보상에 더욱 민감하게 반응하는 것일지 모른다. 이들에게 타인의 긍정적인 사회적 평가는 미래에 예상된 신체 항상성의 불균형을 해소할 만한 보상이 될 수 있는 것이다.

fMRI 실험이 종료된 후, 이번에는 참가자들이 과제를 수행하는 동안 상대방에게서 얼마나 많은 비율의 긍정적('예') 피드백을 받았는지 물어보았다. 그 결과 자존감 높은 사람들이 보고한 긍정적 피드백의 추정치 비율이 낮은 사람들의 것보다 훨씬 컸다. 흥미로운 점은, 자존감이 낮은 참가자들의 추정치가 실제 비율인 50%와 다르지 않았다는 점이다. 즉, 자존감 높은 사람들은 긍정적 피드백의 비율을 과대평가하거나 낙관적인 편향을 보인 반면, 자존감 낮은 사람들은 자신이 받은 사회적 피드백을 더 정확하게 추정해냈음을 시사한다. 이런 두 집단 간 행동의 차이는 앞서 소개한 뇌 반응의 차이와도 잘 부합한다. 이는 자존감이 낮은 사람은 타인으로부터 받은 사회적 정보가 긍정적인지 혹은 부정적인지를 더 명확히 구분하면서 이 정보들을 추적하고 모니터링하는 데 더 많은 주의나 기억 자원을 할당한다는 증거일 수 있다. 즉, 사회적 보상을 탐색하고 그것을 얻을 기회를 극대화하기 위해 많은 에너지를 쏟는다는 의미다.

평판을 높이는
정교한 뇌의 전략

자존감 불균형은 과도하거나 오랜 기간 지속된 부정적인 사회적 평가 때문에 발생하기도 하지만, 긍정적인 사회적 평가에 의해서도 얼마든지 발생할 수 있다. 갑자기 높은 인기를 얻은 연예인이 경험하는 공황장애가 지나치게 많은 긍정적 평가 때문에 발생하는 자존감 불균형의 대표적인 예일 것이다.

이들이 과연 자존감이 낮아서 이런 문제를 보이는 것일까? 자존감을 절대적으로 낮거나 높다고 표현하는 것은 부적절해 보인다. 산이 높아졌건 골이 깊어졌건 경사가 발생한다는 점에서는 차이가 없다. 자존감 불균형이란 이처럼 긍정적이건 부정적이건 과도한 사회적 평가로 인하여 마음속에 경사가 생기는 것과 같다. 그리고 이로 인한 자존감의 불균형은 다시 균형 상태로 돌아가기 위한 뇌의 적응적인 반응을 촉발한다. 바로 '자기방어 행동self-defensive behavior'이다.

충동적 자기방어 VS. 무의식적 자기방어

우리 연구실 출신 윤이현 박사는 얼마 전 초등학생부터 대학생까지 다양한 연령대의 참가자를 대상으로 자기방어 행동과 관련된 신경과학적 기제를 알아보는 연구를 수행했다. 이 연구에서는 참가자들에게 채소, 과자, 공구 등과 같은 일상의 재료를 사용해서 최대한 창의적인 미술 작품을 하나 만들어볼 것을 지시했다. 그리고 며칠 뒤 자신이 만든 작품을 또래 참가자가 평가한 결과를 본 후, 자신도 그 평가자의 작품을 평가하는 과제를 수행했다. 이 실험에서 우리는 자신의 작품을 부정적으로 평가한 사람을 똑같이 부정적으로 평가하는 편향이 발생할 경우, 일종의 공격적인 자기방어 행동으로 간주했다.

실험 결과, 예상대로 초등학생과 중학생은 자신이 만든 작품의 창의성을 부정적으로 평가한 타인의 작품을 똑같이 부정적으로 평가하는 경향성을 보였다.[22] 타인의 부정적 평가로 유발된 수치심이 그의 작품을 부정적으로 평가하는 일종의 공격적 자기방어 행동으로 나타난 것이다. 그리고 참가자들이 평가 과제를 수행하는 동안 뇌 영상 기법을 통해 이들의 뇌 반응을 측정한 결과, 초등학생과 중학생 참가자들이 보인 이런 충동적인 자기방어 행동은 복내측 전전두피질 활동의 증가와 관련된 것을 확인했다(그림 15A).

사실 이 연구에서 특히 흥미로운 부분은 좀 더 성숙한 대학생의 반응이었다. 이들은 초등학생이나 중학생과 달리 자기 작품을 부정적으

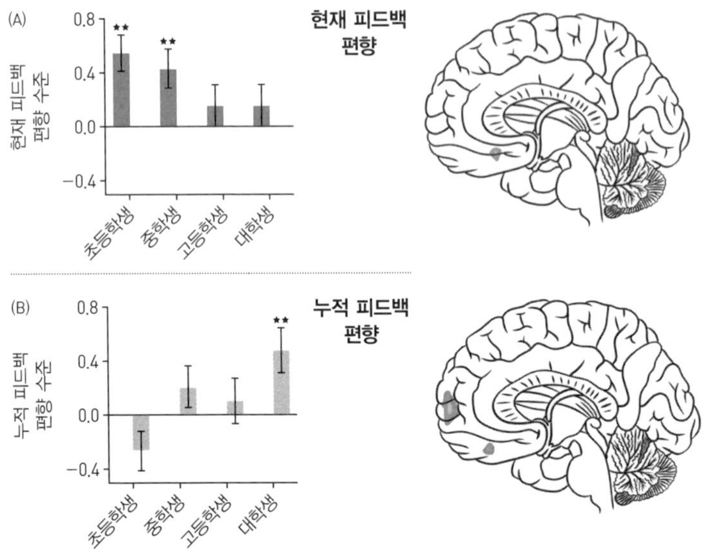

15 ◀ 나이가 많아질수록 현재 피드백 편향은 낮아지고
누적 피드백 편향은 높아지는 것을 확인할 수 있다.
▶ 각각 활성화하는 뇌 부위도 다른 것으로 확인된다.

로 평가한 타인에게 즉각적으로 반응하지 않았다. 대신 자신에 대한 이전 평가자들의 부정적 평가가 누적될수록, 이 평가들과 무관하지만 방금 전 나를 평가한 또 다른 사람의 창의성을 깎아내리는 경향성을 보인 것으로 나타났다. 이런 누적 피드백 편향은 얼핏 봐서는 이해하기 어려운 행동이다. 타인의 부정적 평가가 누적될수록 이 평가와 상관없는 다른 사람의 작품을 깎아내리는 행동을 과연 자기방어 행동으로 볼 수 있을까?

처음엔 이해하기 어려운 행동으로 보이지만 더 세밀히 들여다보면

이는 매우 영리한 자기방어 행동이다. 타인의 부정적 평가에 바로 부정적으로 맞설 경우 이를 지켜보는 다른 사람으로부터 유치하고 치졸하다는 평가를 피하기 어려울 수 있다. 물론 여기서 지켜보는 사람은 실험자다. 누적 피드백 편향은 이런 부정적 평가는 피하면서도, 전반적으로 나의 상대적 지위를 높일 수 있는 정교하면서도 전략적인 자기방어 행동인 것이다. 대학생들의 이러한 전략적 자기방어 행동은 어떤 뇌 부위와 관련될까? 흥미롭게도 대학생의 전략적 자기방어 행동은 초등학생과 중학생에게서 관찰된 복내측 전전두피질뿐 아니라 문내측 전전두피질의 활동 또한 활성화했다(그림 15B). 그렇다면 자기방어 행동에 있어 문내측 전전두피질의 기능은 과연 무엇일까?

자신의 작품을 부정적으로 평가한 파트너에게 똑같이 부정적 평가로 응징하고 싶은 욕구는 복내측 전전두피질에 내재된 자동적이고 충동적인 반응을 촉발한다. 하지만 이런 치졸한 행동은 나의 평판에 부정적 결과를 초래할 수 있다. 타인의 평가에 감정적으로 대응하는 미성숙한 인간으로 보일지 모른다. 그렇다면 이 상황에서 더 적절한 선택은 무엇일까? 타인의 부정적 평가에 즉각적으로 반응하는 것은 삼가되 다른 사람에 비해 창의력이 너무 떨어지는 사람으로 보이는 일만은 피하는 것이 더 적절한 선택일 것이다.

누적 피드백을 활용한 편향은 바로 이런 점에서 탁월한 선택이다. 이전 파트너로부터 받은 피드백 가운데 부정적 평가가 점차 많아지면 현재 평가 중인 다른 파트너의 작품을 부정적으로 평가하여 나의 상대적 위치가 하락하는 것도 방지하면서, 동시에 타인의 작품을 감정적으로 평가하는 행위에 대한 부정적 평판도 피할 수 있는 고단수의 영리한 방법이다. 이처럼 문내측 전전두피질은 자존감 하락을 방지하고 싶은 내적인 욕구를 사회적으로 용인될 수 있는 적절한 방식으로 해소하는 방법을 찾도록 도와주는 역할을 수행한다.

이러한 문내측 전전두피질을 통한 전략적 자기방어 행동은 의식적 과정을 거칠까 아니면 무의식적 과정을 통해 이루어질까? 이 실험에서 누적 피드백 편향을 보인 모든 참가자는 실험을 마친 뒤 실시한 인터뷰에서 자신의 편향을 보고하지 않았다. 하지만 의도적으로 답변을 회피했을 가능성도 있으므로 이 사실만으로는 이들의 행동이 의식적 지각을 거쳤는지 아니면 무의식적으로 이루어졌는지 결론 내릴 수 없다.

다만 한 가지 해석은 가능하다. 처음에는 문내측 전전두피질을 의식적으로 활성화했을 수 있지만, 이런 행동이 여러 번 반복되면 문내측 전전두피질이 개입할 필요성은 점점 줄어든다. 복내측 전전두피질의 활성화만으로도 습관적으로 자연스럽게 자신의 평판을 높일 정교한 자기방어 행동이 무의식적으로 만들어지는 것이다. 사회성이 뛰어난 사람이란 어쩌면 이처럼 다양한 사회적 맥락에서 주변 사람으로부터 호감을 얻어낼 수 있는 섬세한 행동 전략들이 반복적 훈련을 통해 직관이나 습관으로 자리 잡은 사람이 아닐까?

사회성이 '너무' 높은 사람의 비애

타인의 감정과 욕구를 잘 파악하고 이에 적절한 반응을 잘 선택하는 사람을 일컬어 사회성이 높다고 평한다. 뛰어난 사회성은 복잡한 현대 사회에서 매우 중요한 개성으로 손꼽히곤 한다. 사회성이 부족한 사람은 분위기 파악을 잘하지 못하고 상황에 부적절한 행동을 저질러 주변 사람의 부정적 평가를 초래하곤 한다. 지적 능력이 아무리 뛰어나도 사회성이 부족하면 공동체에 성공적으로 적응하기 어렵다. 이런 이유로 우리는 자신의 욕구나 감정은 최대한 숨기고 타인의 욕구와 감정을 섬세하게 헤아려 그들의 기대에 잘 부합해 행동해고자 노력하곤 한다.

이런 노력은 생존 가능성의 극대화를 추구하는 알로스테시스 과정으로부터 비롯되었으나, 문제는 과도한 수준에 이르면 오히려 생존에 필수적인 자신의 감정과 욕구를 살피는 데 소홀할 수가 있다. 그리고 끊임없이 타인의 시선을 의식하고 항상 자신의 긍정적인 모습을 보여주고 좋은 인상만을 심어주기 위해 과도한 에너지와 자원을 소모하는 상태가 오랫동안 지속되기도 한다. 실제로 최근 후속 연구에 따르면 타인의 부정적 평가를 모니터링해서 부정적 평가가 누적되면 상대방을 부정적으로 평가하는 누적 피드백 편향 효과가 우울증 지표와 관련된다는 사실이 확인되었다.[23]

자존감이 낮다는 것은 일상적인 사회적 관계 속에서 항상 자존감 불균형 상태에 놓여 있음을 의미하며, 이는 곧 불균형을 다시 해소하기 위해 지속적으로 많은 에너지를 소모하고 있다는 뜻이다. 즉, 타인이 나에게 보낸 부정적 피드백들을 기억하기 위해 더 많은 인지적 자원을 사용하고, 이들에게 더 긍정적 인상을 심어주기 위한 더 복잡하고 전략적인 선택을 찾고자 끊임없이 노력하고 있다는 것이다. 이러한 상태를 일컬어 '자기의식self-consciousness적 과정'이라 하는데, 이러한 과정은 죄책감, 수치심, 당혹감 등과 같은 다양한 자기의식적 감정을 수반한다. 앞서 언급했듯 이러한 자기의식적 감정은 생존을 위해 필요한 적응적인 감정이지만 지나칠 경우 오히려 불균형을 악화하는 결과를 초래하기도 한다.

내가 왜 지금 가면을 쓰고 있는지 안다는 것

한때 임포스터imposter라는 말이 유행했다. 이는 타인의 시선을 의식해서 실제 내가 아닌 나의 모습을 꾸며내는 상태를 의미한다. 많은 사람이 자신을 억압하는 가면을 벗어버리고 진정한 나를 되찾자는 말에 열광했다. 하지만 한번 생각해보자. 나는 애초에 왜 가면을 쓰게 되었을까? 사실 그 가면이 필요했기 때문이 아닐까? 우리에겐 타인에게 모두 드러낼 수 없는, 혹은 드러내고 싶지 않은 부분이 존재한다. 그렇다면 가면은 절대적으로 좋지 않으니 반드시 벗어버려야 한다고 강박적으로 노력하는 것 또한 건강하지 않은 적응 방식은 아닐까?

그보다는 내가 가면을 쓰는 순간마다 어떤 가면을 왜 쓰는지 명확히 인식하는 일이 더 필요하다. 지금 가면을 쓰고 있다는 사실을 분명히 알아차리고, 그 가면과 나를 동일시하고자 지나치게 애쓰고 있지는 않은지 점검하는 태도가 더 필요하다. 타인과 원활한 사회적 관계를 유지하기 위해서는 얼마든지 새로운 가면을 써도 괜찮다. 가면을 쓰는 나를 혐오할 필요도 없고, 지금 내가 쓰는 모든 가면을 벗어버리기 위해 억지로 무리할 필요는 더더욱 없다.

오히려 문제는 대부분 사람이 자신의 가면을 알아차리기보다 타인의 가면을 알아차리고 이를 비난하거나 벗겨내기 위해 지나친 심리적 자원을 투자한다는 데 있다. 타인이 정한 아름다움의 기준에 맞추느라 성형이나 화장으로 본 모습을 바꾸는 사람을 '성괴' '떡칠' '변장'이라는 말로 혐오하며 죄악시하는 현상이 대표적이다. 심지어 이들이 자존감을 지키기 위해 당당한 척, 시선을 의식하지 않는 척 가면을 쓰는 일조차 허락하지 않는다. 가면을 쓴 이들에게는 임포스터라는 단어가 붙고 새로운 혐오가 시작된다.

가면을 벗고 자신의 진짜 모습을 드러내며 살아갈지 아니면 가면 속에 자신을 감추고 살아갈지는 오로지 본인만의 선택에 달려 있다. 하지만 이들의 가면을 벗겨 맨살을 드러내고 그 본래 모습을 주위에 알려야만 속이 시원해지는 사람들의 기저에는 어떤 욕구가 있는 것일까? 바로 이 욕구를 알아차리는 것이야말로 나조차도 몰랐지만 내가 쓰고 있던 가면을 발견하는 일이자 나에게 더 의미 있고 중요한 일은 아닐까?

자기상의 불안정성

자신의 진정한 자기를 직접 보기란 매우 어려울 뿐 아니라 불가능한 일처럼 보인다. 자기상의 불안정성을 잘 보여주는 그림이 있다. 둥근 물체에 비친 자신의 모습을 그린 마우리츠 코르넬리스 에스허르의 유명한 자화상 〈유리구슬을 든 손〉이다. 그림 속 화가의 자기상은 우리가 실제로 보는 사람의 모습과 매우 다른 왜곡된 이미지를 보여준다. 만약 유리구슬이 아니라 평평한 거울에 자신을 비추었다면 정상적인 이미지를 볼 수 있었을 터이다. 그렇다면 이 둥근 물체에 비친 자기상은 잘못되었고 평평한 거울에 비친 모습은 진정한 자기상이라 말할 수 있을까? 에스허르의 자화상이 보여주듯 우리는 자신을 다른 사물이나 사람에 투영된 이미지로밖에 볼 수 없다. 반사된 이미지는 우리를 투영하는 대상이나 사람에 따라 매 순간 달라질 수밖에 없다.

자기상은 반드시 거울에 비친 모습만을 의미하지는 않는다. 예를 들어 우리가 소유한 물건이나 지금 대화하는 사람도 바로 그 순간 우리 자기상을 결정할 수 있다. 사람들은 값비싼 자동차나 고급 백을 소유함으로써 높은 사회적 위치를 뽐내는 자기상을 확인하고 싶어하며 이런 멋진 자기상을 타인에게 보여주고 싶어한다. 이를 달리 표현하면, 자신을 반영하기 위해 사용하는 물건이나 사람의 수만큼 많은 자기상이 존재한다고 말할 수도 있다.

어쩌면 진정한 자기상은 하나의 고정된 실체가 아니라 끊임없이 변화하는 현상일지 모른다. 이 변화하는 현상의 속성을 정확히 보지 못하고 특정 상황과 시점에 순간적으로 비친 자기상을 절대 불변의 것으로 인식해서 그에 집착할 때, 우리는 왜곡된 자기상에 얽매여서 다양한 심리적 문제를 겪곤 한다. 즉, 자신을 비추는 대상에 따라 항상 변화하는 자기상들 하나하나에 흔들리기보다는 그 의미를 찾아 나가는 노력 자체가 중요할 수 있다. 그 여정의 첫 단계는 수많은 주변 환경에 의해 자기 이미지가 어떻게 형성되고 얼마나 쉽게 깨지는지를 이해하는 데에서 시작될 것이다.

2부

뇌가 자존감을 방해하는 방식

4

알로스테시스
과부하가 위험하다

수많은 중독을 이기는 인정 중독

생존을 위해 우리 뇌는 자연스럽게 신체 항상성의 유지를 목표로 설정한다. 그리고 불확실한 환경 속에서도 이 목표를 이루기 위해 뇌가 고안해낸 고도로 정교화된 전략, 즉 알로스테시스는 더 일찍 더 적은 노력으로도 목표를 이룰 수 있도록 끊임없이 효율적인 보상을 찾아낸다. 이 과정에서 사회적 보상을 얻기 위한 목표가 새롭게 설정되고 그 목표를 얼마나 잘 달성하고 있는지에 따라 나의 자존감이 결정된다.

이렇게 자존감을 탄생시킨 알로스테시스는 과연 생존에 유리하기만 할까? 왜 나의 자존감은 항상 요동치고, 다잡기 위한 나의 노력은 매번 수포로 돌아갈까? 그 답을 찾기 위해 이번엔 효율성에 집착하는 알로스테시스의 과도한 작동이 초래한 과부하에 대해 알아보기로 한다. 그리고 사회적 보상을 적게 받았든 많이 받았든 상관없이 경험하게 되는 불안함의 근원인 자존감 불균형에 알로스테시스 과부하

Allostatic load가 어떤 관련이 있는지 살펴보자.

예전에 길을 가다가 많은 사람 앞에서 넘어진 적이 있다. 그때 나는 넘어지자마자 황급히 일어나 아무 일도 없던 것처럼 빠르게 갈 길을 갔다. 그런데 아무도 없는 곳에 이르러서야 비로소 무릎에서 강한 통증이 느껴졌다. 바지를 걷고 보니 피가 흐르고 있었다. 하지만 막 넘어진 시점에는 전혀 통증을 느끼지 못했다. 왜 그랬을까? 바로 창피함이라는 사회적 통증이 신체적 통증을 압도할 만큼 컸기 때문이다. 창피함을 수습하는 것이 급선무였다. 많은 사람 앞에서 넘어졌을 때 나의 뇌는 타인의 시선 앞에서 내 체면을 유지하는 일이 상처를 돌보는 일보다 장기적으로 나의 생존에 더 유리하다고 빠르게 판단했을 것이다. 그런데 과연 나의 무릎도 뇌의 이러한 판단과 선택이 공정하다고 보는 입장이었을까?

그나마 다행인 것은 타인의 시선이 모두 사라지고 난 뒤에 비로소 나의 뇌는 무릎이 보내는 신호를 감지할 수 있었다는 사실이다. 내가 사람들이 붐비는 장소에서 벗어날 수 없는 상황에 있었다면 어땠을까? 아니면 사람들이 없는 장소로 옮긴 이후에도 방금 전 창피했던 순간의 기억에서 벗어나지 못하고 계속해서 그 상황을 떠올리며 실수를 자책했다면 어땠을까? 나의 생존을 유지하는 데 필요한 수많은 보상들 중에서 특정 보상에만 과도하게 몰입하고 다른 보상들은 무시하거나 소홀히 하는 현상을 가리켜 중독으로 정의한다. 이런 관점에서 볼 때, 신체 항상성의 불균형을 알리는 다양한 신체 신호를 무시하고 사회적 보상에만 몰입하는 현상을 가리켜서도 중독이라 정의할 수 있다. 바로 인정 중독이다.

중독의 뇌과학적 원리

앞서 보상이란 신체 항상성의 불균형을 해소해주는 사건이라고 정의했다. 그렇다면 도파민 세포가 보상에 반응하는 이유도 신체 항상성의 불균형과 관련될까? 세포 바깥의 포도당glucose 농도가 감소하면 시상하부에 위치한 오렉신orexin 뉴런의 활성화가 증가해 도파민 세포의 발화 확률을 높인다.[1] 도파민 세포의 발화 확률이 높아지면, 우리 뇌는 체내 에너지 불균형을 성공적으로 해소해주는 외부 감각 신호에 더 민감해질 것이다. 어쩌면 포도당 농도가 증가해야만 불균형이 해소된 것으로 감지하는 것은 너무 느린 판단일지도 모른다. 불균형 해소를 알리는 좀 더 빠른 신호는 없을까?

음식이 위에서 분해되고 흡수되기 전에 단순히 위의 물리적 크기가 팽창한 것만으로도 충분한 신호가 될 수 있다. 실제로 최근 연구에서 밝혀진 바로, 신체 장기에서 전달되는 전기적 신호들이 도파민 세포로 직접 전달되는 신경학적 경로들이 존재한다.[2] 이러한 사실은 도파민 세포가 신체 항상성의 불균형을 감지하고 이를 해소하는 신호들을 취합한 뒤, 이 정보를 토대로 외부 자극의 보상가를 평가하고 판단한다는 가설을 잘 뒷받침해주는 증거들이다.

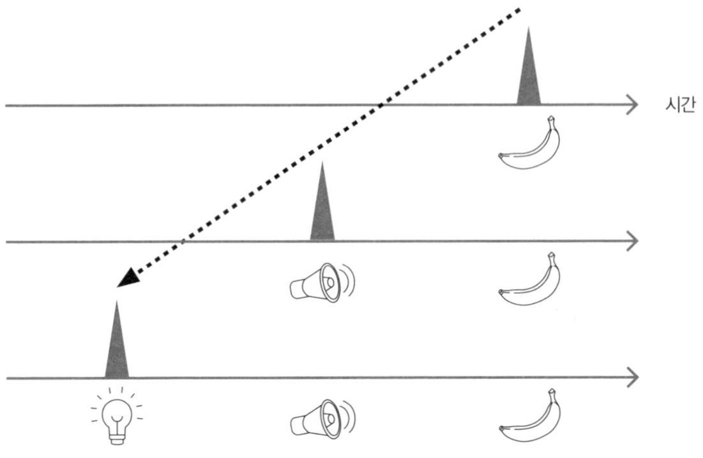

16 음식이라는 가장 큰 보상을 제일 먼저 예측하게 해주는 '빛'에만 반응하는 도파민의 보상 예측 과정

도파민의 보상 예측 기능은 너무나 강력해서 가장 큰 보상을 제일 먼저 예측하는 신호를 찾기 위해 끝없이 작동한다.[3] 이런 도파민 세포의 강력한 보상 예측 기능을 잘 보여주는 증거가 있다. 원숭이를 대상으로 한 연구에서, 도파민 세포가 처음에는 음식이 주어지는 순간에만 반응하지만 음식이 올 것을 예측하는 소리 자극을 반복해서 듣게 되면 소리에만 반응한다. 이후 소리가 제시되기 전에 빛을 반복적으로 제시하면 이번엔 빛에만 반응하고 예측 가능한 소리와 음식에는 반응하지 않는다(그림 16). 즉, 음식이라는 최종적 보상을 예측하게 해주는 빛에만 반응한다.

엄밀히 말하자면 음식이 제시되는 시점도 최종적 보상을 받는 시점은 아니다. 음식이라는 시각 정보가 제시되는 시점은 나중에 이 음식을 먹은 후 분해되어 영양분으로 변환되고 혈관을 통해 뇌로 이동해 신체 항상성 불균형이 해소되었을 때 비로소 발생하는 진정한 최종적 보상의 시점을 예고하는 예측 신호일 뿐이다. 빛이 제시된 후 몇 초 뒤에 기대한 음식이 제시되지 않으면 어떻게 될까? 정상적인 경우 앞서 소개한 예처럼 음식이 제시되어야 했던 시점에 도파민 반응은 감소하고, 이는 점차 빛이 주는 보상에 대한 기대감을 저하시키는 결과로 이어질 것이다.

보상을 예측했던 자극이 더 이상 보상을 예측하지 못할 때, 이 자극에 대한 기대감이 줄어들거나 사라진다는 것은 어쩌면 당연하고도 환영할 만한 일이다. 더 이상 보상을 주지 못하는 일에 계속해서 집착하는 것은 자원 낭비일 테니 말이다. 하지만 신체 항상성 유지라는 문제를 해결하려고 의미를 부여한 외부 신호에 과도하게 집착하면 이러한 가치 조정이 쉽지 않다. 그래서 정작 중요한 음식이 나오지 않았다는 사실은 외면한 채 오로지 무의미한 빛에 계속 집착하게 되는 것이다.

사실 우리는 일상에서 이러한 상태를 자주 목격하는데, 이것이 다름 아닌 중독이다. 예를 들어, 음식은 신체 항상성 유지에 필수적인 보상이지만 균형 상태가 깨지는 상태를 초래하는데도 음식에 과도하게 집착하는 상태는 음식 중독인 셈이다. 식욕을 촉진하는 화려한 색상, 맛, 향 등에 지나치게 집착해서 오히려 신체 항상성을 무너뜨리는 음식에 더더욱 끌리는 상태 또한 중독으로 볼 수 있다. 이미 오랫동안 알로스테시스를 통해 보상을 예측하는 수많은 복잡한 신호들을 학습한 뇌의 입장에서는 신체 항상성의 불균형 해소라는 궁극적인 보상을 위해 절대적인 기준으로 외부 자극들의 보상가를 판단하기란 여간 어려운 일이 아니다.

이차적 보상에 집착하는 뇌

알로스테시스 과정은 신체 내부 신호에 의존하던 선택을 점점 외부 신호에 더 의존하는 방식으로 바꿔 나간다. 예를 들어, 처음에는 체내 영양분이 부족하면 뇌로 신호를 보내 영양 섭취를 할 수 있는 음식을 먹었지만, 점차 냄새·색깔·맛에 끌려서도 먹고 하루의 일과로 때가 되면 먹고 지인들과의 친목이나 사회적 용무로도 먹는 등 음식을 먹는 행동이 변화한 과정을 떠올려보자. 이와 같이 신체 내부 신호를 기준으로 해결해오던 신체 항상성 문제를 점차 외부 환경의 신호들에 기반하여 해결하도록 변화하는 것이다. 어쩌면 바로 이런 이유 때문에 나이가 들수록 신체 내부에서 오는 신호들에 대한 민감도가 빠르게 감소하는지도 모른다.[4]

이처럼 신체 항상성 유지를 위해 외부 환경의 활용도를 높이는 일은 전반적으로 생존 가능성을 높이고 뇌의 에너지 소모도 줄일 수 있는 효율적인 문제 해결법이 된다. 하지만 앞서 소개한 도파민의 예처럼 지나치게 외부 신호에만 의존하면 신체 항상성이라는 궁극적인 목표와는 오히려 멀어지는 잘못된 선택을 반복할 수 있다. 신체 내부의 문제를 해결하기 위해 외부 환경의 신호를 활용하는 알로스테시스 과정을 통해 뇌는 생존과 번식이라는 궁극적 목적과는 다소 동떨어져 보이는 복잡하고 추상적인 형태의 다양한 이차적 보상들을 새롭게 찾아서 학습해 나간다. 하지만 이러한 이차적 보상이 더 이상 신체 항상성 유지에 도움이 되지 않는 상황에서도 사태를 제대로 인식하지 못한 채 이차적 보상에만 계속해서 과몰입할 경우, 역설적이게도 생존에 치명적인 결과로 이어질 수 있다.

오랜 역사에 걸쳐 인간을 중독이라는 파멸의 길로 이끄는 대부분의 외부 환경 신호는 생존과 번식이라는 인간의 가장 근원적인 욕구 혹은 목적과 맞닿아 있다. 인간의 생존에 필수적인 음식이지만 과도한 식욕과 건강하지 못한 식습관은 오히려 생존 확률을 낮추는 것과 마찬가지로, 인간의 생존에 타인이 주는 관심과 사랑은 필수적이지만 과도한 인정 욕구는 생존 확률을 낮추는 결과로 이어질 수 있다. 하지만 간혹 인간의 근본적인 생존과 번식과는 무관한 대상에 대해서도 중독이 나타난다.

이에 대한 가장 적절한 예로 '초정상 자극Supernormal stimulus'을 들 수 있다. 야생 거위가 자신의 실제 알보다 크고 둥근 물체를 선호하여 자기 알을 버리고 그 물체를 품는 행동이 초정상 자극을 잘 보여주는 사례다. 이처럼 신체 내부의 욕구를 충족하려고 외부 자극을 활용하는 알로스테시스 과정에서 탄생한 외부의 보상 자극들이 오히려 유기체가 생존과 번식의 목적을 달성하는 데 방해되는 현상은 얼마든지 일어날 수 있다. 이렇게 위험의 소지가 있는 초정상 자극은 우연히 자연적으로 발생하기도 하지만, 의도에 따라 인위적으로 설계되기도 한다. 바로 도박, 마약, 게임, 포르노, SNS 등이 그 예이다.

특히, 타인의 인정과 호감에 과도하게 집착할 경우에는 간헐적 폭발 장애(분노 조절 장애)나 우울증 같은 정신적 질환으로까지 이어질 수 있다. 마약이나 SNS의 "좋아요" 심벌 등은 인간의 내적 욕구를 충족하기 위해 만들어진 외부 대상이 보상 회로를 속여 인간의 행동을 조종하도록 의도적으로 설계된 자극이라 할 수 있다. 앞서 말했듯이, SNS의 "좋아요" 심벌은 현실에서는 정확하게 감지하기 어려운 타인의 호감이나 인정을 단순하고 명확하며 정량화한 방식으로 감지하기 쉽게 해서 훨씬 더 흡인력 있다. 따라서 자신의 알을 버리고 더 크고 둥근 물체를 품는 야생 거위처럼 SNS에 과몰입하는 사람들 역시 현실에서 타인과 실제로 소통하는 것보다 SNS의 "좋아요" 심벌에 더 집착하는 행동을 보이는 것이다.

최근에 인기를 끄는 대다수의 게임들이 플레이어들끼리 경쟁할 수 있는 플레이 방식을 채택함으로써 가상 환경에서 사회적 지위를 높일 기회를 얻게 하는 것 또한 의도적으로 설계된 자극인 셈이다. 현실 사회에서는 얻을 수 없는 명성과 사회적 지위를 가상 환경에서 다른 방식으로 비교적 쉽게 얻도록 도와주는 게임의 특성은 인정 욕구라는 강력한 생존 욕구를 자극하고, 따라서 현실을 벗어나 게임 세계에 더욱 몰입하게 하는 주요 원인으로 볼 수 있다.

인정 욕구에서 오히려 대안을 찾기까지

역설적으로 들리겠지만, 인정 욕구는 중독에서 벗어나게 해주는 강력한 대안이 되기도 한다. 예를 들어, 게임·약물·도박 중독 등에 빠져 황폐해진 자신의 삶을 바라보는 가족 또는 친구들의 실망감이나 절망감, 배신감, 불안과 염려 등이 외부 자극이 되어 중독에서 헤어나려는 동기 부여에 원동력이 되는 경우가 그렇다. 자기 통제력은 무조건 충동을 억누르는 억제력이 아니라 선택지들 중에서 자신에게 더 유리해 보이는 선택지를 고르는 가치 계산 능력이다. 게임이나 도박으로 얻는 보상보다 주변 사람들의 인정이나 호감이 주는 보상이 더 크다면 후자를 선택할 것이고, 이 선택은 중독을 이겨내는 자기 통제력으로 볼 수 있다. 따라서 도박이나 게임이 주는 보상을 압도할 만큼 강력한 대안적 보상을 찾아내어 선택지에 추가하는 것은 중독을 이겨내는 데 반드시 필요한 과정이라고 볼 수 있다. 즉, 사회적 인정이라는 강력한 보상으로 이끌 수 있는 대안을 마련해줄 때 인정 욕구는 다양한 중독을 이기는 새로운 힘이 된다.

게임 중독을 부인하는 게임 옹호론자들의 주장에 따르면, 게임에서 얻는 진정한 만족감이란 자극적인 욕구 충족이 아니라, 복잡하고

도전적인 문제를 오랜 시행착오 끝에 해결했을 때 맛보는 해방감과 성취감이라고 한다. 그리고 이러한 감정은 인정 욕구와는 차원이 다른 높은 수준의 만족감이라고 한다. 그런데 뇌과학적 관점에서 보면, 인정 욕구는 타인에게 직접적인 관심이나 호감, 칭찬을 받을 수 있을 경우에만 발현하는 것이 아니다. 인정 욕구는 인간이 오랜 발달 과정을 거쳐오면서 수많은 경험들을 통해 뇌 속에서 내재화되고 직관으로 자리 잡아 대체로 자동적·무의식적으로 우리 행동에 영향을 미치는 것이다. 다시 말해, 내가 복잡하고 도전적인 문제를 해결했을 때 주위 사람들이 존경과 감탄을 보여주었던 과거 경험들이 누적되고 나의 뇌 속에서 내재화되며 각인됨으로써 나로 하여금 동일한 경험을 반복적으로 추구하도록 재촉하는 것이다.

여기서 중요한 점은 수많은 중독을 이겨내는 힘이 될 수 있는 인정 욕구에 중독될 경우 이를 이겨낼 더 강력한 대안을 찾기 어렵다는 것이다. 이것이 바로 계급을 부여하고 그에 따라 현실에서는 상상하기 어려울 만큼 많은 이의 찬사와 존경과 부러움을 이끌어낼 수 있도록 정교하게 설계된, 다시 말해서 인정 욕구를 자극하는 게임이 다른 어떤 게임보다도 막강한 중독으로 이끌며 쉽사리 헤어날 수 없게 하는 원인이다.

어떤 보상이건 보상을 받는 매 순간마다 우리 뇌는 변화한다. 그리고 한번 경험한 기억이 절대 뇌에서 사라지지 않는 것처럼, 일단 한번 보상을 받게 되면 보상을 받기 전의 상태로 다시 돌아가는 것은 불가능하다고 할 수 있다. 이는 바로 보상에 대한 기대 수준이 달라졌기 때문이다. 이처럼 변화한 기대 수준 때문에 동일한 보상이 두 번째 주어지면 이전에 같은 보상이 주었던 것과 동일한 수준의 만족감을 느낄 수 없다. 성능이 놀랍도록 우수한 보상 예측 기계인 우리 뇌는 아무리 작은 보상일지라도 이를 예측해내기 위해 항상 최선을 다한다. 따라서 아무리 강한 보상이라도 완벽하게 예측해낼 수 있다면 뇌는 절대 반응하지 않을 것이고 우리는 만족감을 느끼지 못할 것이다.

보상에 의해 변화한 뇌를 좀 더 쉽게 이해하기 위하여 뇌를 활에 비유하여 생각해보자. 활시위가 팽팽하게 당겨져 있는 상태에서 화살을 쏘면 멀리 날아갈 수 있는 반면에 활시위가 느슨해진 상태라면 화살은 멀리 가지 못하고 힘없이 떨어지고 만다. 보상을 여러 번 받은 후 뇌의 상태는 화살을 여러 번 쏜 뒤에 느슨해진 활시위에 비유할 수 있다. 그리고 뇌가 보상을 받기 전 상태로 되돌아간다는 것은 활시위를 이전과 동일한 수준으로 다시 팽팽하게 당기는 것에 비유할 수 있다. 중독이란 더 이상 다시 이전처럼 당길 수 없을 정도로 활시위가 심하게 느슨해진 상태를 말한다.

앞서 말한 초정상 자극과 마찬가지로, 실제 보상과 닮았지만 더 큰 영향력을 지닌 가짜 보상들은 뇌에 실제 보상 때보다 훨씬 더 큰 변화를 일으킨다. 그리고 이러한 변화는 가짜 보상을 완벽하게 예측할 수 있을 때까지 뇌에 남아 있는 모든 자원을 소진시킨다. 중독이란 신체의 생존을 유지하는 데 필요한 여러 가지 보상들 중 극히 일부만 선택하고 나머지 보상들은 모두 포기한 상태를 가리킨다. 이렇게 선택되어 남겨진 희소한 보상만으로도 유기체가 생존이라는 궁극적 목적을 달성하는 데 무리가 없다면 상관없겠지만, 만약 환경이 바뀌어서 그동안 무시하고 포기했던 보상들이 새로이 절박해지는 상황이 닥치면 그 유기체는 생존을 지속하는 데 실패하고 말 것이다.

효율성만큼이나 다양성이 중요한 이유

알로스테시스는 개체의 생존 확률을 높이기 위해 뇌가 최대한 일찍이 최대한 많은 보상을 예측하는 신호를 찾아 보상을 얻어내게 하며, 이런 식으로 위협 요인도 사전에 회피하게 한다. 예를 들어, 고통을 느낀 뒤에야 피하기보다는 고통을 예측하여 미리 피하는 것, 배가 고프기 전에 미리 먹을거리를 찾아나서는 것 등이 위협 요인들을 회피하는 행동이다. 하지만 이러한 알로스테시스의 지칠 줄 모르는 예측 기능은 필연적으로 부작용을 초래하는 문제가 있다. 이미 충분히 배가 부른데도 미래에 겪게 될 배고픔을 피하기 위해 신체 영양분 공급이 필요한 수준으로 미리 정해진 설정값을 무리하게 조정하여 계속 음식을 먹는 상황, 혹은 이미 사라졌거나 아직 오지도 않은 포식자를 벌써 예상해 끊임없이 두려워하고 도망칠 방법을 모색하며 신체를 늘 비상 태세로 유지하는 상황 등이 이에 해당한다.

뇌의 우선순위 분배 기능

미래에 발생할 신체 항상성의 불균형을 더 일찍 예측하고 예방하기 위해 외부 환경 정보를 찾아가는 알로스테시스 과정은 끊임없이 점점 더 효율적인 새로운 보상을 찾아 학습하도록 해준다. 이렇게 학습한 새로운 보상의 대부분은 신체 내부보다는 외부 환경에서 오는 신호에 의존하기 쉽다. 예를 들어, 배고픔을 알리는 신체 기관에서 오는 신호보다는 화려한 이미지의 음식 사진에 끌려 식욕이 생겨나는 경우가 그렇다. 이처럼 새로운 보상에 대한 학습이 과도하면 신체에서 오는 다양한 요구 신호를 무시하고 새 보상에만 집착함으로써 오히려 신체 항상성의 균형이 지속적으로 깨지는 결과를 초래할 수 있다.

앞서 알로스테시스가 만들어내는 이차적 보상의 가장 중요한 특징으로 효율성을 다루면서, 효율성을 높이는 과정에 포기할 수밖에 없는 것이 바로 다양성이라고 언급한 바 있다. 결국 중독이란 신체 내 여러 기관이 불균형 해소를 위해 요구하는 신호를 무시하고 알로스테시스를 통해 학습한 효율적인 보상을 얻으려는 노력에만 집중하는 상태를 말한다. 즉, 다양성을 무시하고 효율성만 추구함으로써 얻게 된 산물이다.

사실 뇌의 이러한 우선순위 분배 기능은 개체 생존에 매우 중요하다. 예를 들어, 포식자의 공격에서 도망치기 위해 우리는 신체의 모든 가용 자원을 총동원해야 한다. 포식자에게 잡히는 순간 이 모든 자원은 더 이상 의미가 없기 때문이다. 포식자에게 벗어나 안전 확보가 보장되는 순간, 도망치는 데 총동원한 자원을 이제 다른 용도로 재배치한다. 중요한 발표를 하기 직전에 식사하면 발표를 마친 후에 소화 불량을 겪는 것도 이와 비슷한 사례라고 볼 수 있다. 나의 뇌는 발표하는 동안 실수하지 않도록 모든 가용 자원을 총동원하다가 끝마치면 다른 목적을 위해 자원을 사용하여 비로소 그동안 무시했던 소화 불량을 알리는 신체 신호를 감지해 이를 해소하도록 조치를 취한다. 이처럼 위기의 순간이 몇 분 혹은 몇 시간 정도만 지속된다면 별문제 없을 것이다. 그런데 위기 상황이 며칠 혹은 수개월 동안 지속된다면 어떻게 될까? 우선순위 분배에서 밀려났던 신체 기관의 불균형은 점점 더 악화할 것이다.

알로스테시스 과부하의 위협

신체 항상성을 위협하는 모든 종류의 자극을 스트레스라고 한다. 배고픔을 느끼는 상황이든 쫓아오는 포식자로부터 도망쳐야 하는 순간이든, 신체의 항상성이 위협받는 모든 조건에서 우리는 모두 스트레스를 경험한다고 말할 수 있다. 스트레스가 일시적으로 발생하면 신체 항상성을 쉽게 회복할 테지만, 스트레스가 강한 수준으로 반복되면 신체 항상성의 회복이 지체되거나 불충분해질 수 있다. 그리고 이렇게 강한 스트레스의 반복이 오랫동안 지속되면 아예 항상성의 상

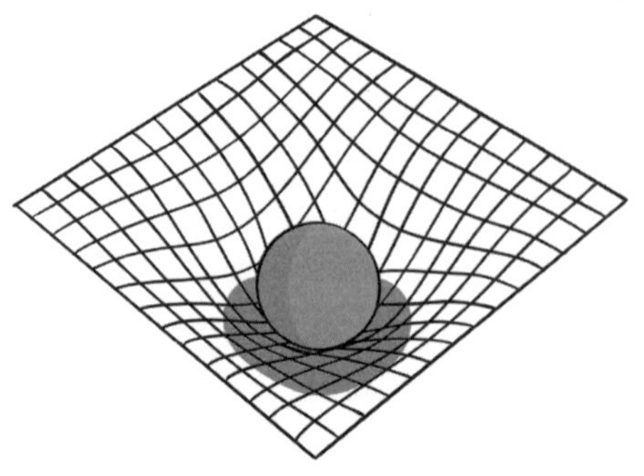

17 신체 항상성이라는 트램펄린 위에
스트레스라는 육중한 쇠공을 오랫동안 올려놓으면
탄력성을 잃어버려 항상성 회복이 불가능할 수 있다.

태로 돌아가지 못하기도 한다. 이는 마치 신체 항상성이라는 트램펄린 위에 스트레스라는 육중한 쇠공을 올려놓았을 때 커다란 웅덩이가 파여 탄력성을 완전히 잃어버린 상태와 유사하다(그림 17).

이처럼 반복적으로 제시되는 스트레스에 우리 신체가 반응하는 경험들이 누적됨에 따라, 탄력성을 잃고 신체 항상성의 균형점이 바뀌어 불균형 상태에 머물러 유지되는 상황을 바로 알로스테시스 과부하라고 한다. 예를 들어, 포식자에게 공격당할 위험에 지속적으로 노출될 경우, 위협에 신속하게 대처하는 데 필요한 신체 기관들에 우선순위가 부여되고 다른 신체 기관들의 항상성 조절은 계속 뒷전으로 밀리는 상황이 반복된 결과, 불균형 상태가 새로운 기준점으로 설정되어 신체가 이 왜곡된 새 기준점에 적응해버려 더는 위기로 인식하지 못하는 상황이 알로스테시스 과부하라고 할 수 있다.

물론 실제로 생존을 위협할 만한 상황에서 신체 상태를 위협에 대처하도록 준비시키는 것은 매우 중요하고 당연히 생존에 필요한 전략이다. 하지만 위협의 가능성을 비현실적이거나 불합리하게 높이 추정할 경우, 알로스테시스 기제를 과도하게 작동시켜 필요 수준 이상으로 신체의 항상성을 불균형 상태로 지속하는 오류를 범하게 된다. 예를 들어, 학교 성적이 떨어져서 마치 생존의 위협처럼 상황을 인식했다면, 포식자로부터 벗어나려고 필사적으로 달릴 때와 비슷한 수준으로 모든 에너지를 성적 저조 문제를 해결하고자 다시 성적을 끌어올리는 데 집중할 것이다. 이 상태를 일시적으로 지속하면 큰 무리가 없을 텐데, 장기간 지속한다면 신체 항상성의 균형점을 잃어 결국 건강도 해치고 사회적 관계마저 흔들리는 결과를 초래할 것이다.

지칠 줄 모르는 생명의 힘은 알로스테시스의 우선순위 분배 기능을 통해 무질서한 상태, 즉 모든 신체 기관의 요구 신호들이 앞다투며 아우성대는 상태에서 벗어나 정교한 위계질서를 갖춘 체계를 형성한다. 하지만 알로스테시스가 만들어가는 위계질서에 과도하게 집착한다면 선택 시 고려할 수 있는 가치들의 가짓수를 제한하며 선택의 폭을 좁힐 수 있다. 신체 신호들의 경쟁에서 이긴 가치들은 점점 더 세력을 키우지만 도태된 가치들은 점차 위축되다가 끝내 사라져 버릴 수도 있다.

이 상태가 더 지속되면 우리 신체는 알로스테시스 과부하에 빠지고 결국 항상성의 균형점을 회복할 수 없는 시점에 이르면 생을 마감한다. 약물 중독자가 오랫동안 약물을 찾아 헤매는 데만 혈안이 되어 생명 유지에 필요한 기초 영양 섭취는 물론 일련의 건강 관리를 등한시하여 그로 인한 건강 악화로 끝내 사망하는 사례가 여기에 해당한다.

이와 같이 알로스테시스의 우선순위 분배 기능이 과부하를 초래하는 현상, 즉 자연스럽게 무질서를 향해 가는 물리 법칙에 저항하여 끊임없이 질서를 만들어가는 생명 현상은 군데군데 잠시 거대한 질서의 섬들을 만들면서 점차 거대한 무질서의 바다를 양산한다는 제러미 리프킨Jeremy Rifkin의 주장을 떠올리게 한다.[5]

그렇다면 효율성을 추구하는 인간의 욕구는 자연 변화 법칙을 거스르는 부자연스러운 삶의 방식일까? 최소한의 노력으로 최대의 목표를 이루려는 효율성의 법칙은 결국 인간이 만들어낸 허상일 뿐이고 인간을 파멸로 이끄는 백해무익한 존재에 불과한가? 물론 효율성을 추구하다 보면 다양성을 소홀히 하게 마련이다. 그렇지만 자원이 한정된 조건에서 생명을 유지해야 하는 유기체의 입장에서 다양성을 추구하느라 자원 분배를 소홀히 하는 것 또한 위험할 수 있다.

주어진 신체 예산을 적절한 시기에 필요한 부분에만 할당하기 위해서 효율성은 중요하고 필요하다. 다만 효율성을 과도하게 추구하는 과정에서 다양성을 심하게 훼손하면, 이를 신속하게 감지하여 다양성을 회복하기 위해 노력하는 유연성을 추구할 필요가 있다. 효율성과 다양성 간의 적절한 균형점을 찾는 일이야말로 개체의 지속 가능한 생명 활동에 필수적일 것이다.

기대보다 큰 보상이 주는 행복의 역설

앞서 언급한 도파민의 작동 예에서 보듯이, 알로스테시스 과부하를 발생시키는 스트레스는 항상 부정적 자극인 것만은 아니다. 여기엔 과도한 보상 같은 긍정적 자극도 포함된다.[6] 여기서 '과도한'이란 절대적 기준이 아닌 상대적 기준이어서 '기대보다 큰' 보상을 모두 과도한 보상으로 간주한다면, 예측 오류로 인한 모든 도파민 뉴런의 활동은 알로스테시스 과부하를 유발할 소지가 있다. 앞서 제시한 그림 9(64쪽)를 다시 보면서 좀 더 자세히 알아보자.

이미 예측 가능한 보상에 대해서는 반응을 보이지 않는 B 시점, 그리고 예측했지만 제시되지 않은 보상에 대해 평소보다 더 낮은 수준으로 반응을 보이는 C 시점에 주목하자. 도파민의 활동이 즐거움 혹은 쾌감과 관련된다고 가정할 때, 두 시점은 보상 예측 기능이 보상을 경험하기 전에는 평범했던 상태를 불행한 상태로 바꿔준다고 해석해볼 수 있다는 점에서 흥미롭다. 이런 해석으로 보면, 불행해진 평범함을 벗어나려는 노력은 다시 더 강한 보상을 좀 더 일찍 예측하려는 노력으로 이어질 것이며, 이러한 노력이 좌절될 경우 이를 부정하고 회피하기 위한 행동이 촉발될 것이다.

도파민의 작동 기제에 대한 정교한 이해는 행복에 대한 우리의 상식을 다시 한번 돌아보게 한다. 기대하지 않은 보상이 유발한 순간적인 행복감은 보상에 대한 기대 수준을 수정함으로써 새로운 균형점을 설정하게 하고, 이렇게 높아진 기대 수준은 오히려 불행의 범위를 확장하여 불행에 빠질 확률을 높인다. 다시 말해, 행복을 얻었다는 것은 역설적으로 불행의 가능성이 커졌다는 의미일 수 있다. 행복을 경험하는 순간 이미 한번 떠난 지금보다 불행했던 이전의 상태로 다시 돌아갈 수 없다.

바닥 타일에서 발을 떼는 순간 타일이 낭떠러지 밑으로 떨어져 나가는 방에 있다고 해보자. 안전한 지대로 옮아가려고 한 발 한 발 내디딜 때마다 이미 디딘 타일들은 모조리 사라지고 새로 디딜 타일들은 개수가 점점 줄기만 한다. 이런 비유로 보면, 불안전을 떠나 안전을 얻었다는 것은 이제 나에게 주어진 수많은 선택지 중 안전한 것보다 불안전한 것이 더 많아졌음을 의미한다. 마찬가지로 내가 행복을 경험한다는 것은 이전의 상태보다 나은 상태를 찾았다는 뜻이며 그만큼 나는 불행한 상태로 빠질 가능성이 높아졌음을 의미한다. 바로 이런 이유로 보상을 받는 상황도 불균형을 증가시키는 사건이고, 이 불균형을 되돌리지 못한다면 알로스테시스 과부하 상태로 빠지게 될 것이다.

불행에 빠질 확률이 증가하면 불행으로부터 벗어나기 위한 알로스테시스 기능이 다시 작동한다. 우연히 시험 성적이 올라 행복을 경험하면 나와 주변 사람들이 기대하는 내 성적의 상승 가능 폭은 더 좁아지고, 이전 성적보다 상향한 수준에 도달하지 못할 것이라는 불안감이 점점 더 커져서 이 불안감을 피하기 위해 나는 더 노력할 수밖에 없다. 항상성의 불균형을 최대한 일찍 예측하고 예방하려는 알로스테시스 기능은 결국 우리로 하여금 벼랑 끝까지 쉬지 않고 계속 나아가도록 채찍질한다. 어쩌면 불행이 증가하는 주된 원인은 바로 우리가 행복을 추구하는 노력 그 자체인 것은 아닐까?

생존 욕구를 압도하는 힘

알로스테시스 과부하는 일단 생겨나면 능동적이고 역동적으로 자신의 위상을 키워 나갈 수 있다. 거대한 태풍이 주변의 작은 태풍들을 빨아들이면서 자신의 몸집을 키워 나가는 것과 비슷하다. 알로스테시스가 만들어낸 불균형은 설상가상으로 이후에 경험하는 모든 정보를 왜곡하기도 한다. 이전에는 가볍게 이겨냈을 스트레스도 이미 발생한 불균형과 연결되어 이를 더 악화하는 쪽으로 작용한다.

이는 마치 트램펄린 위로 던진 가벼운 공들이 가운데에 내려앉은 무거운 쇠공 쪽으로 모두 빨려 들어가는 현상과 유사하다. 자존감에 큰 상처를 입은 뒤에는 주변 사람들의 사소한 말투나 행동에 이전과는 다르게 민감하게 반응한다든지, 가벼운 농담마저 자신을 비웃거나 무시하는 행위로 받아들이는 상태를 그런 예로 볼 수 있다. 실제로 존재하지 않거나 실제보다 과대하게 추정한 신체 항상성의 불균형을 회복하기 위해, 밑 빠진 독에 물 붓기처럼 모든 자원을 끌어와 끊임없이 들이붓는 상태다.

이처럼 생존의 문제를 더욱 효율적으로 해결하기 위해 발달한 알로스테시스 기제가 오히려 신체 항상성의 불균형을 악화하여 생존을 위협하는 상황을 우리 주변에서 쉽게 찾아볼 수 있다. 처음엔 더 행복하고 윤택한 삶을 꿈꾸며 열심히 돈을 벌었지만, 점차 돈 자체가 인생의 목표로 바뀐다. 자신의 건강, 그리고 가족과 함께하는 시간에 소홀해지고, 이후 살아가는 모든 순간에 돈을 우선하느라 제때 돌보고 해결해야 할 것들을 외면한다. 급기야 불화나 가족 해체, 투병 등 정상적 생활과 생존을 위협받는 상황으로까지 내몰린다. 이러한 알로스테시스 과부하는 대부분의 신체적·심리적 질환의 공통적 원인이 될 수 있다.

자존감을 유지하려는 욕구와 생존을 유지하려는 욕구 중 어느 쪽이 더 강할까? 이런 터무니없어 보이는 질문에 당연히 생존을 유지하려는 욕구가 더 강할 거라고 많은 사람이 답할 것이다. 과연 그럴까? 타인의 호감이나 인정을 받고 싶은 욕구는 생존을 유지하려는 욕구로부터 비롯하고 자존감의 핵심적 토대가 된다. 이런 관점으로 보면, 인정 욕구보다 선행하는 생존 욕구를 압도하는 인정 욕구를 상상하기란 쉬운 일이 아니다.

바로 이런 이유로 진화심리학자들은 왜 우울증으로 인한 자살행위가 아직까지도 진화적으로 유지되는지 해명하는 것을 매우 곤혹스러워하곤 한다. 하지만 한번 생겨나면 마치 스스로 자의식을 갖는 것처럼 능동적으로 자신을 키워가는 알로스테시스 과부하의 특성을 고려하면 인정 욕구가 생존의 욕구까지 넘어설 만큼 강력한 힘을 얻는 과정도 충분히 상상해볼 수 있다. 알로스테시스 과부하가 개체의 생존을 위협하는 상태로까지 악화하기 전에 멈출 수 있는 방법은 없을까?

자기 의식과 자기 인식

스트레스를 경험할 때 이에 대처하는 방식은 크게 두 가지로 볼 수 있다. 첫 번째 방식은 앞서 든 트램펄린 예시에서 주변의 작은 공들까지 끌어모아 웅덩이를 점점 더 키워가는 것이다. 이런 식의 대처를 자기 의식 self-consciousness 이라 한다. 두 번째 방식은 트램펄린 예시에서 무거운 쇠공을 어떻게든 빼내듯이 처음엔 힘겹더라도 다시 균형점을 회복하는 것이다. 이런 식의 대처를 자기 인식 self-awareness 이라 한다. 자기 인식은 많은 노력을 요구하지만 정확한 원인을 파악하고 이를 해소해주는 근본적 해결책을 제공해줄 수 있다. 반면에 자기 의식은 불균형의 근본적인 해결 없이 다른 대상으로 원인을 돌려 스트레스와 불균형을 오히려 점점 더 키워가는 대처 방식이다. 이 과정이 장기적으로 반복되면 더 이상 불균형 해소가 어려운 상태로 빠질 수 있다.

예를 들어, 잘못된 자세를 계속 유지하면 이와 연동되는 한 근육이 경직되고 이 조건을 보완하기 위해 다른 근육을 이전보다 과도하게 사용하게 된다. 이 다음번 근육의 비정상적 상태가 오랜 기간 지속되어 경직이 오면 다시 이 조건을 보완하기 위해 또 다른 근육을 과도하게 사용하게 된다. 이처럼 한쪽에 발생한 불균형을 보완하려고 다른 부위들의 불균형이 순차적으로 생겨나는 현상을 연쇄 반응chain reaction이라고 한다. 이는 경제적 위기 상황에서 발생하는 연쇄 부도처럼, 서로 긴밀하게 연결되어 있는 신체의 각 부분들 중 하나가 제 기능을 하지 못하게 되면서 신체 전반적인 균형이 차례로 무너져가는 현상을 가리킨다.

자존감에 생긴 가벼운 손상을 회복하기 위해 무리한 반응을 지속할 경우 이와 유사한 연쇄 반응을 유발할 수 있다. 그 예로, 외모 자신감을 잃고 타인들 앞에 나서길 두려워하다 보면 점점 더 사회적 관계가 악화하거나 급기야 끊어지고 그런 자신의 처지 또한 점점 더 비관하는 일종의 우울증 악순환 구조를 떠올려볼 수 있다. 이처럼 초기에 발생한 신체 항상성의 불균형 상태를 해소하기 위해 새로운 불균형을 초래하는 과정이 자기 의식이다. 그렇다면 이런 상황에서 더 적절한 대응 방안은 무엇일까? 초기의 불균형이 발생한 원인을 좀 더 명확하게 분석하고 이를 제거하기 위한 더 근본적인 방법을 찾아가는 것이다. 앞의 예를 다시 들면, 자신의 외모 때문에 느끼는 자존감 위축의 원인을 파고들어 가는 것이다. 이 과정에서 위축된 자존감의 허상을 직시하면 이로 인해 발생한 불균형이 연쇄 반응으로 악화하기 전에 그 연결 고리를 미리 끊어낼 수 있다. 이 과정이 바로 자기 인식이다.

자기 의식이란 언젠가는 파도가 몰려와 힘없이 허물어버릴 모래성을 간신히 버티면서 아슬아슬하게 쌓아가는, 마치 묘기를 시연하는 것처럼 불안해하면서 하루하루 근근이 자존감 불균형을 해소해가는 방식이다. 반면 자기 인식이란 자신이 처한 상황의 불안정성을 명확히 알아차리고 좀 더 단단한 기반에서 더 내구성 좋은 재료들을 하나씩 하나씩 차곡차곡 쌓아 튼튼한 성을 만들어가는 자존감 불균형 해소 방식이다. 지금까지 만든 모래성이 아까운 마음은 누구에게나 동일하겠지만, 이 성을 차마 허물지 못하고 새롭게 출발하지 못한다면 나중에 파도가 몰려올 때 회복하기 어려울 정도로 큰 충격을 경험할 것이다. 자기 인식이 주는 순간의 상처를 두려워하지 않고 과감히 과거의 나를 정리하고 새로운 나를 찾아간다면, 느리지만 훨씬 오래 먼 여정을 떠날 수 있을 것이다.

5

우리가 자존감 불균형에 이끌리는 이유

뇌가 좋아하는 얼굴의 비밀

자존감 불균형이 발생할 때 그 정확한 원인을 알아차리기 위해서는 먼저 자존감에 영향을 미치는 다양한 요인에 대해 좀 더 체계적으로 이해하는 것이 필요하다. 자존감을 높여주는 요인이라 하면 매력, 신체 능력, 재력, 지적 능력, 권력 등을 떠올릴 것이다. 이는 자존감을 높여주는 데 중요한 역할을 하지만, 반대로 이러한 요인의 결핍 때문에 자존감이 낮아진다고 말하곤 한다. 하지만 우리 주변엔 평범한 외모와 재력으로도 자신감 있게 살아가는 사람도 있고, 상위 수준의 권력과 지적 능력을 갖고도 늘 타인과 비교하면서 자신의 처지를 비관하며 살아가는 사람도 있다. 자존감에 영향을 미치는 요인이 많거나 적다는 단순한 기준으로 자존감을 정의하는 것은 적절치 않아 보인다.

그렇다면 이러한 요인들은 자존감에 어떻게 영향을 미칠까? 이 질문에 답하려면 이 요인을 추구하는 동기가 어떻게 만들어지고 자존

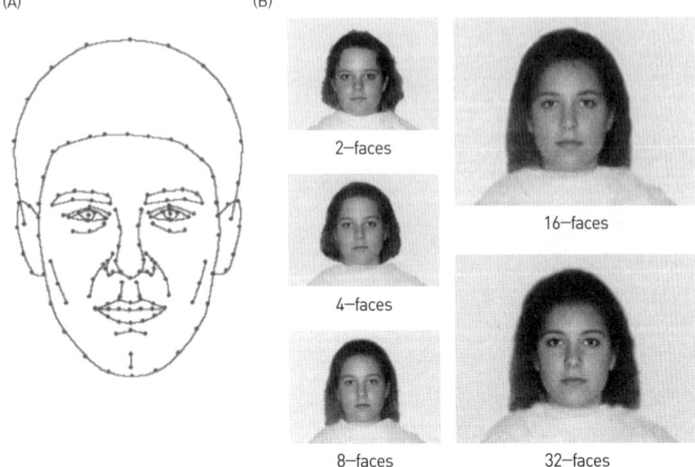

18 ◀ 여러 얼굴의 랜드마크를 모아 평균얼굴을 만들 수 있다.
▶ 평균얼굴에 사용한 얼굴 개수를 2, 4, 8, 16, 32개로 늘려갈수록 얼굴 매력도가 증가하는 평균화 효과가 두드러진다.

감에는 어떤 영향을 미치는지 과학적으로 이해할 필요가 있다. 이제부터는 그 요인들 가운데 매력, 그중에서도 얼굴 매력도를 주요하게 살펴보려 한다. 우리 뇌가 어떻게 매력적인 얼굴을 선호하는지 들여다보는 일은 그 밖의 다양한 요인에 이끌리는 현상의 과학적 원리를 이해하는 데 도움이 될 것이다.

평균적인 얼굴에 끌린다?

매력적인 얼굴은 그렇지 않은 얼굴에 비해 어떤 특징이 있을까? 지

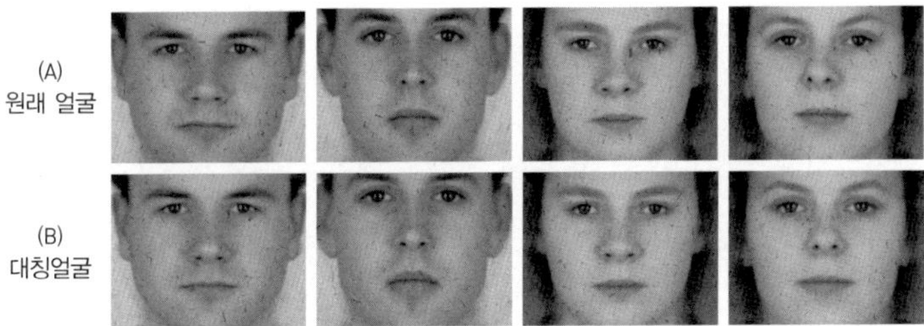

19 사람들은 비대칭인 원래 얼굴보다
그 거울 이미지로 만든 대칭얼굴을 더 매력적으로 지각한다.

금까지 알려진 바로 얼굴 매력도의 관건은 평균성이다. 평균적이라니, 어떻게 평범한 얼굴에 끌린단 말인가 싶겠지만 사실 여기서 말하는 '평균성'은 평범함과는 의미가 좀 다르다.

평균적 얼굴을 만들기 위해 흔히 얼굴 랜드마크를 사용한다. 예를 들어, 그림 18A처럼 눈꼬리, 코끝, 콧구멍 모서리, 입꼬리, 눈썹의 끝점, 귓불, 턱 등 일반적으로 사용하는 몇 가지 랜드마크가 있다. 여러 얼굴들을 모아서 각 얼굴마다 랜드마크를 찾은 다음 동일한 랜드마크 지점을 중심으로 얼굴들을 겹쳐서 평균적인 얼굴을 만들 수 있다. 이렇게 만든 평균적인 얼굴은 그 과정에 넣은 모든 얼굴을 가장 잘 대표하는 이미지다. 여러 얼굴의 랜드마크로 도출한 평균얼굴의 매력도는 각각의 얼굴에 비해서 더 높은 경우가 대부분이다. 그림 18B를 보면 평균얼굴을 만들기 위해 사용한 얼굴들을 2개, 4개, 8개, 16개, 32개 등 여럿으로 늘려갈수록 얼굴 매력도가 증가하는 것을 알 수 있다. 이를 가리켜 '평균화 효과Averageness effect'라고 하는데, 높은 수준의 얼굴 매력도가 곧 여러 얼굴의 평균적 특성을 나타내는 경향이 있음을 잘 보여주는 현상이다.

평균성에 이어 얼굴 매력도에 영향을 미치는 중요한 요소가 또 있다. 바로 대칭성이다. 그림 19A는 원래 얼굴이고 그림 19B는 원래 얼굴의 한쪽을 복사하여 만든 대칭얼굴이다. 보이는 것처럼 대칭얼굴이 원래 얼굴보다 더 매력적으로 보인다. 실제 한 연구에서도 참가자들은 대칭얼굴이 원래 얼굴보다 더 매력적이라고 평가했다.[1] 이 연구에서 주목할 점은 참가자들은 자신의 매력도 판단이 얼굴 대칭에 영향을 받는다는 사실을 인지하지 못했다는 것이다. 물론 일부 연구자들은 대칭이 평균적인 얼굴의 한 구성 요소일 뿐 얼굴 매력도의 주되거나 지배적인 요인은 아니라고 주장하기도 한다.

우월 유전자 가설

그렇다면 우리는 왜 매력적인 얼굴을 좋아하는 걸까? 실험 참가자들이 실제 얼굴 이미지보다 인위적으로 만들어낸 평균얼굴 이미지를 선호하는 이유는 무엇일까? '우월 유전자Good gene 가설'이 이러한 궁금증을 어느 정도 풀어준다.

우월 유전자 가설에 따르면, 얼굴의 특정 패턴은 좋은 유전자의 신호로 볼 수 있고 우리 뇌는 이러한 신호에 이끌려 패턴과 일치하는 얼굴을 매력적이라고 인식한다.[2] 즉, 이 가설은 우리가 번식에 유리한 유전자 신호를 보내는 얼굴 특징을 선호한다는 것을 시사한다. 이 가설을 뒷받침하는 증거들이 몇 가지 있다. 첫째, 얼굴 비대칭은 근친상간, 조산, 정신병 및 지적 장애와 관련되는 것으로 알려져 있다. 둘째, 평균에 가까운 얼굴은 발달상의 안정성을 나타내며 질병에 대한 저항력이 높다는 신호일 수 있다. 셋째, 남성성과 여성성과 같은 성적 이형 sexual dimorphism 은 성적인 성숙도과 생식력을 나타낼 수 있으며, 남성성에 영향을 미치는 테스토스테론 같은 호르몬은 높은 면역력과 관련될 수 있다.

이러한 발견은 중요한 단서를 제공하긴 하지만 심각한 문제 제기의 소지가 있다. 가장 중요한 문제점은 이러한 결과가 인과관계가 아닌 상관관계만 밝혀냈다는 것이다. 예를 들어, 의학에서 질환으로 규정한 일부 특성이 얼굴의 매력을 떨어뜨릴 수도 있고 그 반대일 수도 있다. 이러한 인과적 관계는 매우 중요하지만 지금껏 신중하게 설계된 과학적 연구에서 엄격하게 테스트한 사례가 없다. 얼굴이 매력적인 사람은 타인들과 더 나은 사회적 관계를 맺을 가능성이 높고 그에 따라 건강 유지를 잘할 가능성 또한 더 높으며, 실제로 많은 연구에서 타인과의 사회적 관계가 신체 건강에 영향을 미칠 수 있다는 사실이 밝혀진 바 있다.[3]

심지어 지금까지 보고된 바에 따르면, 얼굴 매력도와 의학적 질환 간 상관관계의 정도조차도 매우 약하고 일관성이 없는 경우가 많다. 실제로 최근에 대규모로 실시한 어느 연구에서는 안면 대칭성을 다양한 수준으로 지닌 영국인 4,732명(남성 2,506명과 여성 2,226명)의 건강 이력을 조사했는데, 완벽한 안면 대칭의 편차와 건강 측정치 사이에서 어떠한 상관관계도 보이지 않았다.[4] 이는 우월 유전자 가설의 가장 핵심적인 가정을 심각하게 위반하는 증거로 볼 수 있다.

좋은 유전자 가설을 비판하는 또 다른, 아마도 가장 강력한 근거는 바로 대칭에 대한 선호가 얼굴을 넘어 무생물까지 확대된다는 증거가 늘어나고 있다는 점이다. 예를 들어, 인간은 물고기나 나비의 무늬를 비롯해 수많은 대칭적 물체와 패턴에 호감을 느낀다. 대칭성에 대한 선호는 인간뿐 아니라 동물계 전반에 걸쳐 존재하는 것으로 보인다. 예를 들어 고등 영장류, 돌고래, 새 등도 대칭적인 시각 자극을 선호한다고 알려져 있으며, 심지어 곤충에 속하는 꿀벌조차 대칭적인 꽃을 선호한다고 한다.[5] 많은 증거를 종합적으로 고려할 때, 우리가 평균적인 얼굴 혹은 대칭성을 띤 얼굴을 선호하는 이유가 단지 좋은 유전자를 가진 개체에 끌리기 때문이라는 해석은 온당하지 않은 것 같다.

이와 같은 선호에 다른 이유가 또 있을까? 얼굴뿐 아니라 예술 작품, 나아가 다양한 형태의 자극들에 끌리는 이유는 무엇일까? 이러한 궁금증은 좋은 유전자 가설에 반하는 또 다른 대안적인 가설이 어느 정도 풀어줄 수 있다. 바로 '원형 선호 이론Prototype prefererence theory'이다. 이 가설은 우리가 왜 유독 특정 대상에 끌리는지 그 이유를 색다른 방식으로 설명한다.

원형 선호 이론

요컨대 원형 선호 이론에 따르면, 우리가 매력적인 얼굴에 끌리는 것은 다양한 목적을 위해 사용되고 발달시켜온 일종의 범용 정보 처리 시스템의 부산물일 뿐이라고 한다. 즉, 우리 뇌는 모든 유사한 자극을 가장 잘 대표하고 요약하는 원형Prototype을 추출해내도록 진화했고, 이는 극도의 효율성을 추구하는 뇌의 자연스러운 선택이었다는 말이다. 세상에 존재하는 거의 무한대의 정보들을 모두 처리하고 저장하기에 뇌의 용량은 턱없이 부족하다. 따라서 다양한 자극을 모두 개별적으로 기억하는 것보다 유사한 것들을 묶어 하나로 대표할 원형 하나만 기억하는 것이 훨씬 쉽고 효율적이다. 아마 매력적인 얼굴은 바로 이처럼 우리 뇌가 발달시켜온 원형에 대한 편향된 선호의 한 사례에 불과할지도 모른다. 이 가설에 따르면, 평균적이고 대칭적인 얼굴은 원형과 유사해서 더 쉽고 유창하게 처리할 수 있기 때문에 선호하는 것이다.

원형 선호 이론은 꽤 그럴듯하게 들리지만, 실험으로는 어떻게 검증할 수 있을까? 우리는 일생 동안 수많은 얼굴에 노출되었기 때문에 이미 머릿속에 얼굴에 대한 원형을 형성하여 저장하고 있다. 혹시 얼굴이 아닌 다른 시각적 자극에 대해서도 이 가설을 검증할 수 있을까? 우리는 과연 더 유창하게 처리할 수만 있다면 얼굴이 아닌 다른 시각적 자극에 대해서도 선호하는 반응을 보일까?

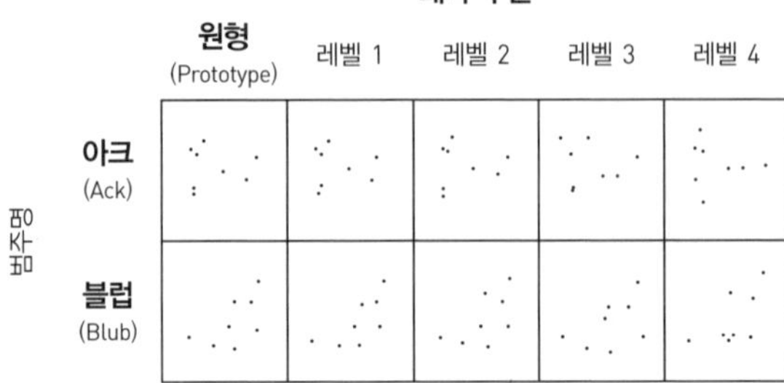

(B)

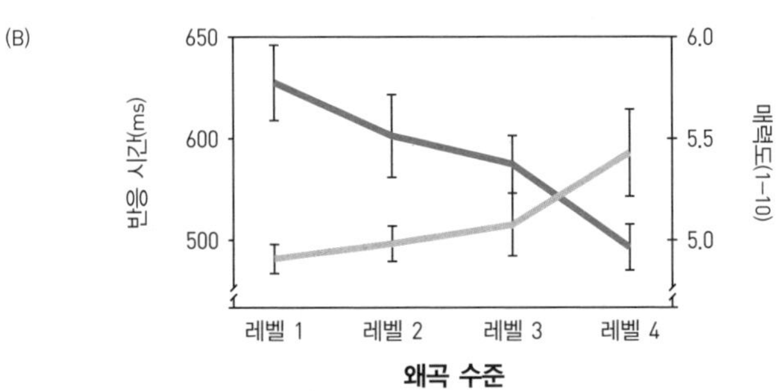

20 패턴의 변형 수준이 높을수록 정보 처리에 큰 노력이 들기 때문에, 판단에 소요되는 반응 시간(옅은색)은 증가하고, 그 패턴에 대한 매력도(짙은색)는 감소한다.

얼굴이 아닌 시각 자극을 사용하여 원형 선호 가설을 테스트한 가장 대표적인 연구가 있다.[6] 이 연구에서 실험 참가자들은 아무런 규칙 없이 무선적으로 배치된 점 패턴들을 보고 "아크Ack"에 속하는지 "블럽Blub"에 속하는지 판단해보라는 지시를 받았다(그림 20A). 참가자들은 이러한 자극을 이전에 본 적이 없어서 처음에는 단순히 추측만으로 판단했지만, 매 시행마다 정답이나 오답을 알려주는 피드백을 통해 점차 분류를 학습할 수 있었다. 참가자들에게 제시된 점 패턴들은 모두 두 가지 원형을 변형해 만든 이미지였다. 그림 20A의 가장 왼쪽 열에는 두 가지 원형이 있는데, 이 원형들은 참가자에게는 제시되지 않았고 이 원형들에서 변형된 정도가 체계적으로 달라지는 이미지들을 만드는 데만 사용했다. 예를 들어, 레벨1 변형 사례는 원형과 가장 유사한 이미지고, 레벨4 변형 사례는 원형과 가장 덜 유사한 이미지다. 과제에서는 각 원형에 대해서 4단계로 변형 수준이 다른 사례들이 참가자들에게 제시되었고 이 사례들을 분류하는 수행을 지시했다. 범주화 과제를 완료한 후 참가자들은 각 원형의 4가지 변형 수준을 나타내는 120개의 새로운 패턴, 즉 범주별 수준당 15개의 자극에 대한 매력도를 평가했다.

실험을 종료하고 연구자들은 먼저 실제로 원형에서 변형된 수준이 높을수록 해당 패턴을 처리하고 분류하는 데 더 큰 노력이 필요했는지 반응 시간을 통해 알아보았다. 예상한 바대로, 분류 과제를 수행하는 동안 패턴의 변형 수준이 증가함에 따라 반응 시간 또한 증가한 것을 확인했다(그림 20B). 그렇다면 처리하는 데 더 큰 노력이 필요한 높은 변형 수준의 패턴은 선호도가 감소할까? 이 역시 예상대로, 패턴이 원형에서 변형된 수준이 높을수록 그 패턴에 대한 매력도 역시 감소하는 것을 확인했다(그림 20B). 요컨대, 처음 보는 시각 패턴에 대해서도 원형에 더 가까운 패턴일수록 더 쉽고 빠르게 분류하며 더 매력적인 것으로 지각했다. 이러한 원형에 대한 선호도는 주관적인 자기 보고뿐 아니라 무의식중에 나타내는 얼굴 근육의 반응 등 비언어적 신체 반응을 통해서도 확인할 수 있었다.

어쩌면 우리가 어떤 얼굴을 매력적으로 느끼는 이유는 우월 유전자 가설이 제시하는 것처럼 그 얼굴 소유자의 유전적 우월성 때문이 아닐 수도 있다. 그보다는 외부 정보를 최대한 효율적이고 유창하게 처리하며 저장하기 위해 우리 뇌가 발달시킨 정보 처리 메커니즘이 낳은 부산물일지도 모른다. 이 메커니즘은 모든 개별 예시를 저장하는 대신에 이 예시들을 가장 잘 대표하는 원형만 추출하여 저장함으로써 거의 무제한에 가까운 양의 정보를 저장할 수 있도록 발달해왔을 것이다. 개별 예시들보다 한 번도 본 적이 없는 원형을 더 유창하게 처리함에 따라 유창하게 처리한 자극을 선호할 가능성이 높다는 사실은 이 주장을 잘 뒷받침한다.

우리는 더 쉽게 알아볼 수 있는 원형에 매력을 느끼고 좋아하지만, 그것이 어떤 얼굴이 다른 얼굴보다 더 매력적인 유일한 이유는 아닐 것이다. 그러나 이러한 많은 연구 결과는 사람들이 원형을 좋아하는 이유가 적어도 부분적으로나마 정보 처리의 유창성fluency과 긍정적 감정을 연결하는 일반적인 메커니즘에 의해서 설명될 수 있음을 잘 보여준다.

혐오가 확산되는 뇌과학적 원리

범주화를 통해 처리할 수 있는 정보의 양을 극대화하는 뇌의 기능은 시각 자극에만 국한되는 것이 아니라 언어로 표상되는 개념들에도 동일하게 작동한다. 그리고 이런 뇌의 기능은 왜곡된 기억을 만드는 주범이 되기도 한다. 이를 잘 보여주는 매우 유명한 실험이 있다.

이 실험에서는 먼저 참가자들에게 12개 단어들이 포함된 6개 목록들을 읽어준 뒤 읽어준 단어와 새로운 단어가 포함된 종이를 건네주며 앞서 읽어준 단어들을 표시하도록 했다.[7] 이때 새롭게 추가된 단어들 중에는 앞서 읽어준 단어들과 관련성이 높은 것이 포함되었다. 예를 들어 '테스트, 퀴즈, 학점, 공부, 학교, 문제, 점수, 합격, 낙제' 등이 목록에 포함되었다면 이와 관련성이 높은 단어로 '시험'을 추가하는 것이다. 실험 결과 참가자들은 다른 어떤 단어들보다 '시험'이라는 단어를 첫 목록에 포함되었던 것으로 잘못 기억할 확률이 현저히 높은 것으로 나타났다. 또 이런 잘못된 기억이 틀림없다고 강하게 확신하는 반응도 보였다. 어떻게 이런 일이 일어났을까? 아마도 참가자들은 제시된 단어들을 하나씩 그대로 받아들이고 기억하기보다는 제시된 단어들을 잘 대표하는 범주를 떠올리고, 개별 단어들 대신 이 범주를 기억에 저장했을 가능성이 높다. 따라서 범주와 관련성이 높은 '시험'과 같은 단어를 앞서 본 단어로 잘못 기억할 확률이 높아진 것이다.

고정관념과 편견의 기원

이처럼 개념들의 범주가 저장되는 뇌 부위를 찾는 것이 가능할까? 한 연구에서는 앞서 소개한 TMS(경두개 자기 자극)라는 기법을 사용해서 특정 뇌 부위의 기능을 일시적으로 정지시키면 뇌의 범주화 기능 때문에 발생하는 기억의 왜곡이 오히려 감소한다는 것을 보여주었다.[8] 이 연구에서 TMS를 가한 뇌 부위는 바로 측두엽의 가장 앞부분에 위치한 전측두엽anterior temporal cortex이었다(그림21). 전측두엽의 기능을 일시적으로 정지시킬 경우 앞서 소개한 기억 검사에서 범주와 유사한 미끼 단어가 목록에 포함되었다고 잘못 기억하는 확률이 정상인보다 낮아지는 것을 확인할 수 있었다. 뇌 손상으로 인해 오히려 정상인보다 더 우수한 기억 능력을 갖게 해준다는 점에서 매우 흥미로운 결과가 아닐 수 없다.

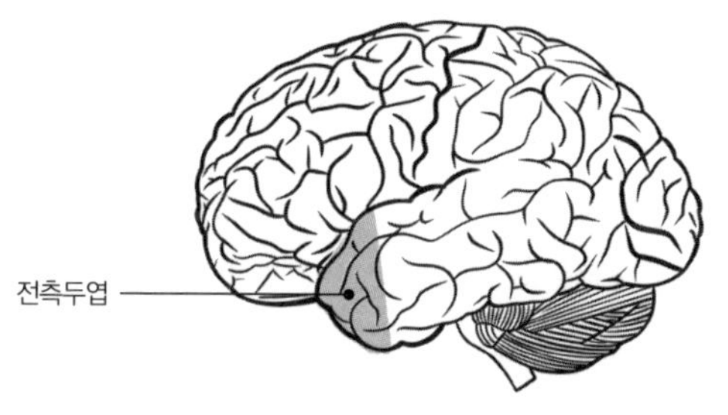

21 전측두엽 기능을 일시적으로 정지시키면
뇌의 범주화 기능 때문에 발생하는
기억의 왜곡이 오히려 감소하는 현상이 나타난다.

여러 유사한 개념을 하나로 묶어 범주화하는 능력은 용량이 제한된 뇌의 한계를 극복하게 해주었다. 실제로 인간은 범주화를 통해 이론적으로 거의 무한에 가까운 정보들을 저장할 수 있게 되었다. 그러나 범주화 능력은 필연적으로 정보의 차별화를 초래한다. 범주에 가까운 정보와 먼 정보를 동등하게 보지 못하게 한다는 말이다. 범주를 가장 잘 대표하는 사례에 가까울수록 높은 가치를 부여하고 멀어질수록 낮은 가치를 부여하는 셈이다. 뇌의 범주화 기능은 다양한 사회적 정보들을 개념화하고 이렇게 분류한 정보들에 가치를 차등적으로 부여하는 데 가장 큰 역할을 한다. 수많은 고정관념과 편견은 바로 범주화 능력이 만들어내는 것이다.

범주 정보들이 저장되는 것처럼 보이는 전측두엽의 기능을 정지시킬 경우 특정 집단에 대한 암묵적 고정관념이나 편견이 감소한다는 보고들이 있다. 암묵적 고정관념은 어떻게 측정할 수 있을까? 학계에서 가장 자주 사용하는 방법으로 암묵적 연합검사implicit association test를 들 수 있다.[9] 암묵적 연합검사로 암묵적 인종차별을 측정한 사례를 소개하면 다음과 같다.

연구자는 실험 참가자들에게 부정적인 편견과 연합된 흑인의 얼굴 사진, 그러한 편견이 없는 백인의 얼굴 사진을 번갈아 보여주면서 두 버튼 중 하나를 눌러 분류하도록 지시했다. 또한 '폭력적인', '위험한' 같은 부정적 단어와 '온화한', '친근한' 같은 긍정적 단어들을 번갈아 보여주면서 두 버튼 중 하나를 눌러 분류하도록 지시했다. 그리고 일치 조건에서는 흑인이나 부정적 단어를 선택하기 위해 같은 버튼을 사용했고, 백인이나 긍정적 단어를 선택하기 위해 같은 버튼을 사용했다. 반대로 불일치 조건에서는 흑인과 긍정적 단어에 대해 같은 버튼을 사용했고, 백인과 부정적 단어에 대해 같은 버튼을 사용했다. 그 결과 흑인이라는 인종에 대해 암묵적인 부정적 편견을 가진 사람들은 일치 조건에서는 반응 시간이 빨라지고 불일치 조건에서는 느려지는 모습을 보였다.

이 검사는 설문지로 측정하는 의식적인 인종차별 경향성과 구분되는 무의식적인 인종차별 경향성을 측정할 방법으로 많이 사용한다. 흥미롭게도 TMS라는 기법을 사용해서 전측두엽의 기능을 일시적으로 정지시킨 후 암묵적 연합검사를 실시한 결과, 참가자들의 암묵적 고정관념이 감소하는 결과가 나타났다.[10]

암묵적 고정관념은 우리가 의식할 수 없기에 더 위험하다. 의식할 수 없는 편향은 통제하기 어렵고 좀 더 사회적으로 용납할 수 있는 다른 이유로 포장되기 때문이다. 위에 소개한 연구 결과들은 정보 처리의 효율성을 높이기 위해 발달해온 뇌의 범주화 기능의 이면에 숨겨진 어두운 측면, 즉 범주화 기능의 부작용을 잘 드러낸다. 이런 뇌의 범주화 기능 혹은 이미 형성된 범주들을 활용할 기회를 박탈할 때 오히려 고정관념이나 편견이 줄어들 수 있다는 말이다.

차별과 혐오는 범주화의 숙명?

우리 뇌는 특별히 많은 노력이 필요하지 않은 판단이나 선택의 상황, 혹은 생존이 걸린 위기여서 빠르게 결정해야만 하는 상황에서는 익숙하고 습관적인 선택을 하게 마련이다. 이런 상황에서 대부분의 사람들은 이미 잘 학습한 범주들을 사용한다. 우리는 수많은 경험들 속에서 직관적인 가치들 간에 충돌이 발생할 때마다 외부 환경으로부터 추가적인 정보들을 수집해서 새로운 가치를 찾고 기존의 가치를 수정해간다. 이 과정을 반복하면서 내측 전전두피질의 가장 아래쪽에 위치한 복내측 전전두피질에서는 끊임없이 수정된 직관적 가치가 형성되어간다. 복내측 전전두피질에는 지금까지 우리가 경험한 수많은 판단과 선택 후에 주어진 성공과 실패의 기억들이 저장되어 있으며, 우리는 이 정보들을 토대로 현재 상황에서 가장 성공 확률이 높은 선택을 빠르게 찾을 수 있다.

실제로 복내측 전전두피질의 활동은 위급한 상황에서 이전에 성공했던 안정적이고 보수적인 선택의 가치에 우선권을 부여하는 기능을 한다고 알려져 있다.[11] 복내측 전전두피질의 안정적이고 보수적인 가치 계산 기능은 사회적 상황에서는 낯선 타인에 대해 깊은 수준까지 많은 정보를 탐색하기보다는 전측두엽에 저장된 그 사람이 속한 집단, 즉 범주에 관한 최소한의 정보를 토대로 선택하게끔 작용한다. 이런 선택은 자연스럽게 자신의 생존 가능성을 가장 안정적으로 보장해줄 수 있는 타인에게 내가 가진 자원을 집중하게 만들고, 그렇지 않은 타인에게는 혐오감이나 적대감을 갖게 만드는 주된 원동력이 되기도 한다.

뇌 영상 연구들에 의하면 복내측 전전두피질은 매력적인 얼굴을 볼 때 활성화 수준이 높아진다고 한다.[12] 매력적인 사람은 대중의 인기를 얻기 쉽고, 대중의 인기를 얻는 사람에게는 권력이 부여된다. 신체의 매력뿐 아니라 지적 능력 또는 재력을 갖춘 타인에게도 우리는 권력을 부여한다. 우리가 다양한 능력을 통해 대중적 인기, 즉 권력을 얻은 사람에게 물리적·심리적 자원을 집중하는 이유는 이러한 행동이 나로 하여금 최소한의 노력으로 생존 가능성을 극대화할 수 있는 효율적인 선택이기 때문이다. 아이돌이나 SNS 인플루언서 같은 셀러브리티의 일거수 일투족에 촉각을 곤두세우며 그들의 루틴이나 취향을 따르는 것은 자신의 사회적 지위를 높이고 사회적 적응력을 높이는 데 유용하므로, 그들의 말과 행동은 나의 선택을 이끄는

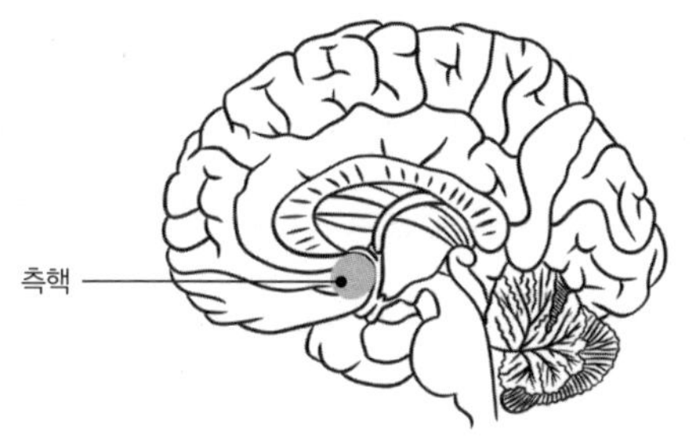

22 대표적인 보상 영역으로 알려진 측핵은
배고플 때 음식 사진에 강하게 끌리듯이
지위가 높은 사람을 볼 때 활성화하는 뇌 부위다.

중요한 나침반이 될 수 있다. 심지어 그들과 친분이 있다는 사실이 타인들에게 알려지는 것만으로도 나의 상대적 지위가 높아지기 때문에 그들과 가까워지려는 노력의 보상가는 강해질 수밖에 없다.

뇌 영상 연구 결과에 따르면, 나보다 사회적 지위가 낮은 사람보다 높은 사람을 볼 때 활성화 수준이 높아지는 영역에 측핵이 포함되어 있었다.[13] 대표적인 보상 영역으로 익히 알려진 측핵은 배고플 때 음식 사진에 강하게 끌리듯이 자기보다 계급이 높은 사람에게 강하게 끌리는 경험을 하게 하는 부위다(그림 22). 사회적 지위가 높은 사람에게 다가가려는 강한 열망은 이들의 행동을 무분별하게 수용하고 따르는 사회적 동조 현상으로 표출되기도 한다.

우리 연구실 출신인 김대은 박사가 최근에 진행한 연구에서 이처럼 계급이 높은 사람의 의견에 동조하는 행동이 복내측 전전두피질의 활동과 관련된다는 것을 앞서 소개한 바 있다. 이 연구에서는 자신에게 상금을 배분해주는 권한을 가진 높은 계급의 사람과 자기 의견이 일치하는지 여부에 따라 다르게 반응하는 뇌 부위를 찾는 연구를 진행했다. 그 결과 자신보다 계급이 높은 사람의 의견과 자기 의견이 일치할 때 복내측 전전두피질의 활동이 증가하고 불일치할 때 감소하는 것을 관찰했다.[14] 흥미롭게도, 자신보다 계급이 낮은 사람에 대해서는 의견이 일치하건 불일치하건 복내측 전전두피질의 활동에는 변화가 없었다.

이처럼 나보다 계급이 높은 타인을 향해 나의 모든 자원을 집중하면, 자연스럽게 이와 반대되는 타인에 대해서는 관심이 줄어들 수밖에 없고 심지어 혐오감마저 느낄 수 있다. 특히 생존에 위협을 느끼는 상황에서 우리 뇌는 생존 가능성을 높이기 위해 권력의 구심점에 가까워지려는 경향성이 강해진다. 권력을 가진 강자 혹은 다수 집단에 다가가려 하고 그 반대인 약자 혹은 소수 집단으로부터는 멀어지려 하는 것이다. 이처럼 집단에 위기가 오면 너무나 쉽게 차별과 혐오가 증가하는 현상에 뇌과학적 원리가 숨어 있다. 그렇다면 권력을 향한 과도한 집착과 함께 나타나는 차별과 혐오는 뇌의 범주화 능력으로 인한 피할 수 없는 인간의 숙명으로 보아야 할까?

예측을 원하지만 예측이 깨질 때 느끼는 쾌감

무한과 혼돈의 세상에서 살아남기 위해 뇌는 끊임없이 범주를 만들어가는 전략으로 맞섰다. 그 결과로 자연스럽게 생겨나는 것은 바로 범주화하기 쉬운 대상은 선호하고 그렇지 않은 대상은 혐오하는 차별이다. 혼돈의 세계에 범주들을 부여함으로써 새롭게 질서를 만들어가는 뇌의 능력은 타고나는 것 같다. 그 증거로, 태어난 지 3개월도 채 안 된 아기들조차 얼굴을 닮은 시각 자극을 더 오래 바라보고[15] 심지어 매력적인 얼굴을 더 오래 본다는 사실[16]을 들 수 있다.

이처럼 우리가 생존을 목표로 만들어낸 범주에 더 가까운 대상을 선호한다는 주장을 '유창성 가설'이라 부른다. 이 가설은 우월 유전자 가설로는 설명할 수 없는 현상들을 더 논리적으로 설명해줘서 영향력이 점차 커지고 있다. 그런데 유창성 가설에는 중요한 문제가 하나 있다. 바로 유창성이 증가한다고 해서 선호도가 항상 균일하게 증

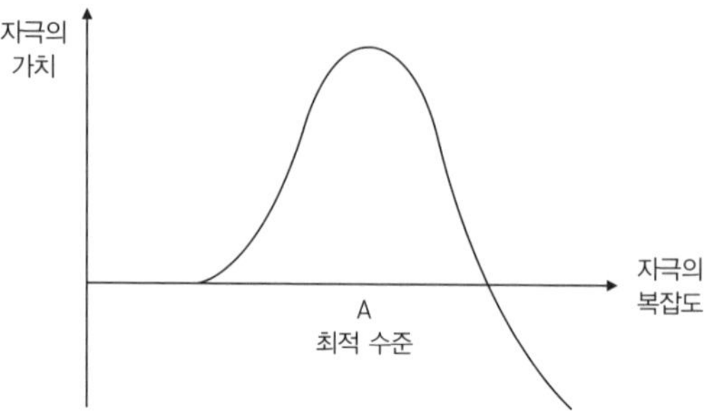

23 '벌린의 뒤집힌 U 현상'은 유창성이 증가한다고 해서 선호도가 항상 균일하게 증가하지 않음을 보여준다.

가하지 않는다는 점이다. 그림 23를 보면, 실제로 처음에는 복잡도가 높아질수록 선호도가 증가하다가 최적의 수준, 즉 A 지점을 넘어서면 이후부터는 복잡성이 증가함에 따라 오히려 선호도가 감소한다. 이를 '벌린의 뒤집힌 U 현상Berlyne's inverted-U phenomenon'이라 부른다. 이 곡선에서 최적 수준의 왼쪽 부분, 즉 복잡성이 최적 수준에 도달하기 전까지는 선호도가 증가하는데 이 현상은 유창성 이론으로는 설명할 수 없다. 왜 사람들은 최적의 수준에 도달하기 전까지 더 복잡한 자극을 선호할까? 유창성 이론과 이 현상 간의 불일치를 어떻게 해명할 수 있을까?

벌린의 뒤집힌 U 현상

실제로 신경과학의 최근 발견들은 이 어려운 질문에 중요한 단서를 제공해준다. 그에 앞서 이미 앞부분에서 소개한 도파민 뉴런의 특성을 상기해보자. 그림 16(136쪽)에 보이듯이, 도파민 뉴런은 예상치 못했거나 예측하지 못한 보상에 가장 강하게 반응하며, 소리 자극에 의해 음식이라는 보상을 완전히 예측할 수 있는 경우 도파민 뉴런은 중앙의 그림에 나타난 것처럼 음식에 전혀 반응하지 않는다. 더 나아가 도파민 뉴런은 보상을 예측할 수 있는 가장 이른 자극, 즉 가장 아래 그림처럼 빛에만 반응하고 이후에 제시되는 모든 자극과 보상 자체에도 반응하지 않는다. 모든 학습이 완료된 후에도 빛이 제시될 때마다 계속 도파민 뉴런이 반응하는 이유는 빛이 제시되는 시점을 예측할 수 없기 때문이다. 즉, 도파민 뉴런은 보상을 예측하는 '예측하지 못한 사건'에 가장 강하게 반응한다는 말이다. 여기서 빛이 제시되는 순간이 바로 나중에 음식을 받을 수 있음을 알리는 '예측하지 못한 사건'에 해당한다.

역설적으로 들릴 텐데, 우리는 예측에 끌리지만 예측이 깨졌을 때 오히려 쾌감을 느낄 가능성이 더 높다. 이것이 시사하는 바는 우리 뇌가 기존의 예측을 깨는 정보를 지속적으로 찾고, 찾아낸 것을 다시 예측에 통합하려는 경향성이 강하다는 사실이다. 이런 경향성은 왜 생겨날까? 아마도 이때 우리 뇌는 자신의 예측 능력을 좀 더 향상할 수 있다는 사실을 발견했기 때문일지도 모른다.

이렇게 우리 뇌는 단순히 무언가를 예측할 수 있을 때가 아니라 기존의 예측 모형이 깨지고 이전보다 더 정교하게 예측력을 높일 수 있을 때 쾌감을 느끼도록 설계되어 있다. 이 쾌감은 우리로 하여금 미래의 보상을 더 정확하고 효율적으로 예측할 수 있도록 새로운 정보를 끊임없이 찾아 움직이는 데 주요 원동력으로 작동한다. 따라서 쾌감의 주요 기능은 보상 예측력을 높이는 것이다. 예를 들어, 그림 22에서 A 지점의 자극은 미래의 보상을 예측하는 데 부족하지도 과하지도 않은 최적의 효율적인 정보이므로 가장 높은 보상가를 지닌다고 말할 수 있다.

보상에 대한 예측 가능성이 증가하면 처리 유창성 또한 증가하며 이는 긍정적인 감정을 증가시킬 수 있다. 다시 말해, 우리는 더 쉽게 예측할 수 있는 대상을 더 유창하게 처리할 수 있고, 그에 따라서 긍정적 감정을 더 많이 느낀다. 이는 우리가 세상을 질서 있고 구조화된 것으로 인식하려는 욕구를 기본적으로 갖고 있기 때문이며, 이러한 욕구로 인해 우리는 점점 더 정확하고 쉽게 세상을 예측할 수 있다. 보상은 패턴, 즉 세상에 관한 질서 정연한 구조를 만들어 예측을 좀 더 쉽게 해줄 수 있다. 즉, 보상을 받을 때마다 우리 뇌는 더 나은 예측 방법을 찾으려 노력하고, 그 결과로 다음번에는 동일하거나 더 큰 보상을 받을 수 있게 된다.

이러한 관점에서 보면, 벌린의 뒤집힌 U 현상은 우리의 제한된 보상 예측 능력을 반영하는 것일지도 모른다. 즉, 뇌는 최대 용량, 즉 정점에 도달할 때까지 보상 예측 능력을 높이려고 노력하며, 이 시점을 넘어 추가되는 복잡성에는 흥미를 잃기 시작한다. 어쩌면 이러한 원리는 확고한 시각적 고정관념이 깨질 때마다 미적 쾌감을 강하게 느끼는 이유를 설명해줄지도 모르겠다.

가장 좋은 예가 바로 마르셀 뒤샹의 유명한 작품 〈분수Fountain〉이다. 기성품 소변기에 사인하고 '분수'라 이름 붙여 전시회에 출품한 이 파격적인 작품으로 당시 예술계는 충격에 휩싸였다. 뒤샹은 너무 익숙한 주변 사물에서 새로운 가치와 아름다움을 발견하려는 노력이 바로 예술적 실천이라고 여겼다. 이러한 믿음은 신경과학적 관점과 정확히 일치한다. 신경과학의 관점에서 볼 때 예술의 가장 근본적 기능이란 고정관념과 사고의 틀을 깨뜨려 인간의 정신이나 마음의 스펙트럼을 넓혀주는 행위를 의미한다.

익숙함과 새로움 간의 딜레마

고정관념을 깨는 것이 항상 좋은 일일까? 벌린의 뒤집힌 U 현상에서 알 수 있듯이, 우리는 최대 정보 처리 능력을 넘어서는 범위에서도 고정관념과 사고의 틀이 깨지는 것을 꺼려한다. 여행자의 딜레마를 예로 들어 이해를 돕자면, 낯선 곳으로 여행을 계획할 때는 여행하는 동안 매일 새로운 것을 하려고 마음먹는다. 새로운 음식을 맛보고 새로운 장소를 구경하며 새로운 사람들과 만나기로 작정한다. 하지만 여행 첫날 하루 종일 새로운 것을 경험하고 나면 급격히 피곤해지고 이런 피곤은 익숙한 것들에 대한 그리움을 불러일으킨다. 그래서 여행 둘째 날에는 한국 식당 또는 한국에서도 자주 찾았던 유명 프랜차이즈 레스토랑 같은 익숙한 것을 찾아다닌다. 그러나 둘째 날을 모두 익숙한 것들로만 채우고 나면 이튿날부터 다시 새로운 것을 경험하고 싶은 마음이 차오르고 계획을 바꾼다. 이처럼 새로움과 익숙함의 순환은 여행 기간 내내 계속해서 반복되는 경우가 많다.

익숙함과 새로움 간의 딜레마는 어쩌면 우리 뇌의 작동 방식을 반영하는 것이 아닐까? 우리 뇌에는 상반된 기능으로 경쟁하는 두 가지 신경 회로가 존재하는 것으로 보인다. 하나는 안정성이나 익숙함을 추구하는 신경 회로, 또 하나는 가소성이나 새로움을 추구하는 신경 회로다. 최고의 여행 경험은 새로움과 익숙함 사이의 신중한 균형에서 비롯하듯이 일상의 만족도 역시 새로움과 익숙함 사이의 신중한 균형이 필요하다. 둘 사이의 최적의 균형은 건강한 두뇌를 유지하는 전략으로도 중요하다.

일생 동안 끊임없이 익숙함과 새로움 간의 균형을 추구하며 가치를 학습해온 우리 뇌는 자연스럽게 신체와 환경의 변화에 크게 영향받지 않는, 생존을 위한 핵심적 가치들을 점차 터득하게 된다. 바로 직관이 형성되는 과정이다.

공동체가 선호하는 도덕적 직관의 진화

삶에 필요한 다양한 가치들을 찾아내고 선택하려면 어떤 노력을 해야 할까? 이런 능력의 개인차를 결정하는 요인은 무엇일까? 이는 우리가 어떻게 살아가야 할지 도덕적 방향성에 대한 질문과도 연결된다. 생존과 번식이라는 생명의 궁극적 목적을 달성하기 위해, 인간은 신체 항상성을 유지해야 할 숙명에 처하고 신체적 예산을 효율적으로 사용할 방법을 끊임없이 고안해낸다. 이 과정에서 인정 욕구라는 가장 효율적인 보상을 찾아내고 이 보상을 얻기 위한 가장 효과적인 방법들을 일생 동안 찾으며 학습한다. 우리가 타인과의 관계에서 어떤 행동을 '해야만 한다'는 직관적 충동을 느꼈다면 이는 바로 그 행동이 내 삶의 궁극적 목적을 위해 가장 효율적인 전략임을 이미 오랜 발달 혹은 진화 과정을 통해 학습했기 때문이다. 이때 직관적 충동은 바로 도덕적 직관이라고 말할 수 있다. 도덕적 직관에 관한 이런 설명은 파격적이지만 매우 그럴듯하다. 단, 이를 증명할 과학적 근거가 아직은 부족하다는 단점이 있다.

우리 연구실에서는 이 가설을 지지하는 과학적 근거를 찾기 위한 실험을 고안했다. 실험을 주도한 김주영 박사는 참가자들에게 다양한 도덕적 딜레마 상황을 묘사한 시나리오들을 주고 해당 상황에서 참가자들 스스로 어떤 선택을 하겠는지 물어보았다.[17] 이중에는 익히 알려진 트롤리 딜레마 시나리오도 있었다. 트롤리 딜레마에 대해 잠깐 소개하자면 다음과 같다.

도덕적 직관은 충동적이다?

철로의 한쪽 끝에서 기차가 달려오고 있다. 철로의 다른 쪽은 두 갈래로 나뉘어 있는데 한 갈래에는 5명의 인부가, 다른 갈래에는 1명의 인부가 일하고 있다. 기차가 속도를 늦추지 않고 계속 달리면 5명의 인부를 죽이게 될 상황이다. 여기서 당신은 이 순간 기차가 지나갈 선로를 변경할 권한이 있다. 과연 당신은 기차의 방향을 바꾸어 5명 대신 1명을 죽일 선택을 내릴 것인가?

이 질문을 받은 많은 사람이 그럴 수 있다고 답한다. 하지만 이 시나리오를 약간 수정해서, 선로를 바꾸는 대신 육교 위에서 어떤 한 사람을 밀어 선로 위로 떨어뜨려 기차를 세움으로써 5명을 구하겠냐고 물어본다면 거의 대부분의 사람들이 그럴 수 없다고 답한다. 왜 이런 차이가 일어날까? 이 경우는 앞의 상황과 결과는 동일하지만, 본인이 직접 누군가에게 위해를 가한다는 상황에 따른 불쾌함, 혐오감, 거부감이 그 행동을 막는 듯하다. 논리적으로 설명하기는 어렵지만 당사자 마음이 거부하는 것이다. 이는 바로 도덕적 직관이 작동하기 때문이다.

이처럼 각 시나리오마다 정답은 없지만 대부분의 사람이 선호하는 답은 존재한다. 이에 김주영 연구원은 다음과 같은 가설을 세웠다. 도덕적 직관이 타인의 기대를 충족함으로써 신체적 예산을 효율적으로 관리하기 위한 목적으로 형성되었다면, 사람들은 타인이 어떤 선택을 하는지 알 수 없는 상황에서도 대다수가 선호하는 도덕적 선택을 따라 할 것이다. 그리고 이처럼 다수의 의견을 따르는 경향성은 신체 신호에 대한 민감도와 관련될 것이라고 예측했다. 신체 신호 민감도는 이미 앞에서 소개한 심박수 탐지 과제로 측정했다. 실험 결과, 예상대로 각 시나리오가 묘사하는 도덕적 상황은 천차만별이고 정답은 없지만, 대부분의 사람이 선택한 옵션이 존재하고 일관성 있게 나타난다는 것을 확인했다. 심박수 탐지 과제로 측정한 결과를 보면, 신체 신호 민감도가 높을수록 집단이 선호하는 선택을 따라 하는 경향성이 높았다.

타인의 기대를 정확히 예측하는 능력은 상대방의 기대를 가늠하는 나의 예측과 실제로 관찰된 결과 간의 차이를 얼마나 중요하게 인식하는지에 달려 있다. 예를 들어, 사람들 앞에서 농담을 던질 때 나는 그들이 재밌어하리라 기대할 것이다. 그런데 기대와 달리 냉담한 표정이 돌아온다면 나는 기대와 결과 간 불일치를 경험할 것이다. 이런 불일치를 심각하게 받아들이는 사람들도 있고 대수롭지 않게 여기는 사람들도 있다. 전자는 실수를 통해 점차 타인의 선호를 좀 더 정확하게 예측하는 능력이 발달할 가능성이 높다.

이처럼 나의 기대와 실제 결과 간 불일치를 토대로 자신의 기대를 수정하는 능력이 뛰어난 사람들, 또 그렇지 않은 사람들, 이 두 유형의 차이는 어떻게 결정될까? 앞에서 소개한 집단 선호를 향한 도덕적 직관 연구는 바로 신체와 뇌 간의 소통 능력이 중요한 요인이 될 수 있음을 시사한다. 다시 말해, 사회적 상황에서 기대와 실제의 결과 간 불일치가 생존, 즉 신체 항상성의 불균형과 어떻게 관련되는지 민감하게 계산할 수 있는 능력이 타인의 기대를 더 정확하게 예측하는 능력을 발달시키는 주된 원동력이라 할 수 있다.

타고난 '생물학적 준비성'

지금까지 소개한 실험 결과와 해석을 통해 이런 의문이 들지도 모른다. 집단의 선호를 따라간다는 것은 자신의 선호는 무시하고 무조건 타인의 의견을 따라가는 일종의 동조 행동이 아닌가? 그렇다면 내수용감각 민감도가 높은 유형은 타인의 의견을 잘 수용하고 동조하는 경향성이 높은 사람들인가? 이 의문을 풀어줄 만한 최근 연구가 있다.

바로 내수용감각 민감도와 동조 행동 간의 관련성을 알아본 연구다.

이 연구에서 실험 참가자들은 심박수 탐지 과제를 통해 각자의 내수용감각 민감도를 측정했다. 이어서 화면에 제시되는 얼굴을 본 후 신뢰도를 추정하는 판단 과제를 수행했다. 그러고는 파트너와 짝을 이루어 서로의 신뢰도 판단을 공유하며 얼마간 논의한 뒤, 동일한 얼굴에 대해 다시 신뢰도를 판단하는 과제를 수행했다.[18] 그 결과 예상과 달리, 신체 신호 민감도가 낮을수록 두 번째 판단 과제에서 파트너의 의견에 영향을 더 많이 받는 것으로 밝혀졌다.

위에서 소개한 도덕적 직관 연구 결과와 상충하는 결과라 오인하기 쉬운데, 사실 당연한 결과다. 고무손 착시 실험에서도 내수용감각 민감도가 높을수록 고무손 착시를 경험할 확률이 낮게 나왔다. 다시 말해, 신체 신호에 민감할수록 시각이나 촉각 같은 외부 감각 신호에 의해 신체소유감이 왜곡되는 정도가 낮은 것으로 나타났다. 이와 마찬가지로, 자신이 내린 판단과 상충하는 타인의 의견에 영향받는 것을 '동조'로 규정한다면 내수용감각 민감도가 높을수록 타인의 의견이라는 외부 정보에 영향받지 않고 자신의 판단을 고수한다는 사실은 그리 놀랄 만한 일이 아니다.

그렇다면 신체 신호에 민감한 정도의 개인차는 집단 선호를 향한 도덕적 직관을 형성하는 데 어떤 영향을 미칠까? 타인의 의견에 동조하는 경향성이 아니라면, 그 대신에 어떤 해석을 내릴 수 있을까? 어쩌면 인간이 지닌 공통적 제약을 따르다 보니 집단 혹은 종이 공유하는 생물학적 제한을 더 잘 반영했을 가능성도 있다. 이러한 속성을 '생물학적 준비성biological preparedness'이라 부른다. 각 유기체는 그 종만의 고유한 학습 규칙을 타고난다는 가설이다. 이러한 학습 규칙 때문에 어떤 종은 특정 자극들 간의 연합은 쉽게 학습하지만 그 외 자극들 간의 연합은 아무리 짝지어 제시해도 학습할 수 없다.

예를 들어, 사람들은 화난 표정이나 무서워하는 표정을 거미, 뱀 같은 대상과는 쉽게 연합하여 학습할 수 있지만, 꽃이나 동그라미 같은 대상과는 연합해 학습하기 어려워한다.[19] 또한 실험 쥐에게 방사선으로 위장 장애를 일으킨 동시에 단물을 먹이면 쥐가 미각적 혐오를 학습하는 현상이 관찰된다.[20] 이러한 증거들은 오랜 진화의 역사를 거치며 인간을 비롯한 동물이 주어진 환경에서 생존 가능성을 극대화할 방법들을 끊임없이 고안해냈고, 이 과정을 통해 특정 유형의 학습을 좀 더 쉽게 하도록 이미 생물학적 조건이 갖춰졌음을 보여준다. 공포 표정과 뱀을 연합하고 위장 장애와 단맛을 학습하는 것처럼 이미 진화적으로 잘 준비된 생물학적 조건에 부합하는 행동은 빠르고 쉽게 학습할 수 있지만 그렇지 않은 행동은 아무리 노력해도 학습하기 어려울 것이다. 이렇게 갖춰진 생물학적 조건은 동일한 종에 속하는 개체들이 특정 상황에서 유사한 행동을 하도록 만드는 선행 조건이 될 것이다.

상순비익거근의 최후통첩 반응

인간이라는 종이 도덕적 행동을 학습하는 과정도 이와 동일한 원리가 아닐까? 이러한 가설을 지지하는 흥미로운 증거가 하나 있다. 2000년에 발표한 한 연구에서 혐오감이라는 감정의 생물학적 기원과 이를 도덕적 혐오감으로 확장하는 대담한 실험들을 소개했다.[21]

이 실험에서는 상순비익거근(levator labii muscle, 윗입술콧방울올림근)이라는 얼굴 근육에 초점을 맞추었다(그림 24A). 코와 뺨 사이 고랑에 위치한 이 근육은 수축되면 주로 윗입술을 올리고 콧구멍을 넓히며, 혐오스런 화학적 자극이 구강 혹은 비강 안에 유입될 경우 신속히 배출하는 기능을 한다. 우리가 불쾌하거나 혐오스런 냄새, 맛 같은 자극에 노출될 경우 짓는 찡그린 표정은 바로 상순비익거근에 의한 반응이다. 실제로 이 연구에서 실험 참가자들이 불쾌한 맛이 나는 액체를 맛볼 때 상순비익거근이 수축하고(그림 24B), 냄새나 맛 같은 화학적 자극 외 인간의 배설물, 상처, 벌레 등 혐오스런 대상을 보여주는 시각 이미지에도 상순비익거근이 수축하는 것을 확인했다(그림 24C).

상순비익거근의 수축 반응은 비도덕적 행위나 대상을 경험하는 경우에도 나타난다는 연구 결과가 있다. 이 연구에서는 최후통첩 게임이라는 유명한 경제학 게임을 사용했다. 실험 참가자 두 명이 각각 '제안자'와 '응답자' 역할을 맡고, 게임이 시작되면 실험자가 일정한

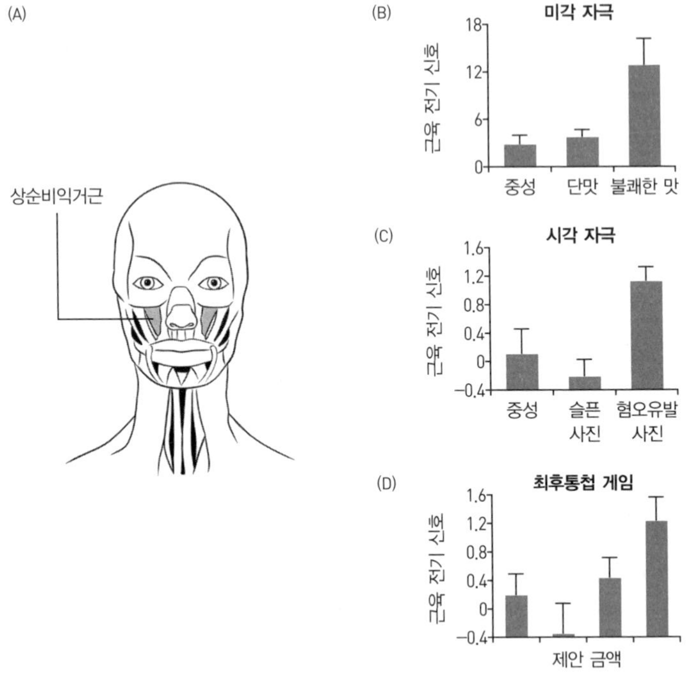

24 혐오감을 유발하는 미각 및 시각 자극, 그리고 불공정한 행위에 공통적으로 반응하는 상순비익거근

금액의 돈을 제안자에게 건네준다. 돈을 받은 제안자는 받은 돈의 일부를 응답자에게 나눠주어야 하는데 금액은 마음대로 선택할 수 있다. 응답자는 제안자가 제시한 금액을 그대로 수락할 수 있으며, 이 경우 두 사람은 제안자가 제시한 금액대로 돈을 나눠 갖고 여기서 게임이 끝난다. 하지만 응답자가 생각하기에 제안자의 제시 금액이 불공정하게 적으면 거절할 수도 있다. 응답자가 제안을 거절하면 제안

자와 응답자는 모두 한 푼도 못 받고 게임이 끝난다. 따라서 제안자는 금액을 터무니없이 적게 제안하기보다 좀 더 신중하게 결정할 필요가 있다.

최후통첩 게임을 통한 이 연구는 이익을 극대화하려는 존재로 인간을 가정하는 고전 경제학의 예측을 벗어난 결과를 보여주었다는 점에서 꽤 흥미롭다. 제안액이 총 금액의 20% 미만일 경우 대부분의 응답자들은 실제 제안의 금액과 상관없이 거절을 선택한다는 것이 밝혀졌다.[22] 응답자의 거절 행동에 대해 여러 가지 해석이 있었고, 이 또한 미래에 얻게 될 이익을 극대화하려는 합리적인 선택으로 보는 해석도 있었다.

더욱 흥미로운 결과는 불공정한 제안을 받는 순간 응답자의 상순비익거근 수축이 증가했다는 것이다(그림 24D). 이는 불공정한 행위를 응징하는 행위, 그리고 불쾌한 자극을 몸 밖으로 배출하려는 반사적 신체 기능이 서로 관련되어 있다는 것을 보여주는 증거다. 사회적 구조와 관계가 복잡해짐에 따라 불공정이 발생하는 원인도 매우 다양하고 추상화되었는데, 그 이면에는 신체 항상성을 위협하는 외부 자극에 저항하기 위해서 발달 과정에 형성된 원시적 신체 기능이 고스란히 작용하고 있다.

위의 증거들을 고려할 때 인간이라는 종이 도덕적 직관을 형성하는 과정에는 필연적으로 항상성 위기를 해소하려는 신체적 기능의 기여가 있었을 것으로 짐작해볼 수 있다. 아울러 이러한 신체 항상성

위기에 더 민감하게 반응하고 해소하려는 데 최선을 다한 개체는 자신이 속한 종이 공유한 생물학적 조건 혹은 신체 상태에 더 부합하는 도덕적 선택을 쉽게 찾았을 테고, 그 결과로 집단이 공유하는 도덕적 기준에 더 부합하는 직관을 형성할 수 있었으리라 추론해볼 수 있다.

신체 항상성 유지라는 목표를 위해 뇌가 일생 동안 학습해온 타인의 기대들, 즉 도덕적 가치는 우리가 의식하지 못하더라도 거의 모든 타인과의 관계에서 우리 행동을 제약하고 감정을 유발한다. 이 과정에서 만들어지는 '사회적 자기'는 우리가 태어난 시점에 가지고 있던 '원초적 자기'와는 큰 차이를 보인다. 이는 필연적으로 자존감 불균형을 발생시키고, 이 불균형을 해결해나가는 일이야말로 우리가 남은 생애 동안 끊임없이 고민하는 문제가 아닐까?

How does the
brain design self-esteem?

6

잃어버린 마음들, 흔들리는 사람들

인정 욕구,
결핍과 집착의 롤러코스터

이제부터는 자존감의 일시적 불균형과 장기적 불균형의 여러 사례를 소개하고자 한다. 자존감 불균형이라는 다소 추상적인 개념을 되도록 이해하기 쉽게 전달하기 위한 사례들로서, 주로 필자 자신 혹은 주변 사람들의 행동을 관찰함으로써 알게 된 것들이고 미디어 등을 통해 접한 사례들도 포함되어 있다. 사례에 대한 설명은 어디까지나 필자의 개인적 해석에 기반하며, 앞서 소개한 알로스테시스의 생물학적 원리를 통해 자존감 불균형의 예시로 밝혀진 과학적 증거는 아니라는 점을 명확히 밝혀둔다. 한편으로 여기서 제시한 사례가 자존감 불균형에 관한 더 과학적인 연구들이 이루어지는 데 보탬이 되길 희망한다.

대부분의 사례는 누구나 경험할 만한 일반적인 감정에 해당하며, 인정 중독 같은 심각한 상황을 말하는 것은 아니다. 일시적으로 생긴 인정 욕구로 인한 자존감 불균형 상태로, 이는 스스로 인식함으로써 해소할 수 있다. 이를 인식하지 못한 채 오랫동안 습관적으로 반응하고 방치할 경우에는 인정 중독으로 이어질 수 있다. 자존감 불균형의 유형별 사례를 들여다보면서 자신의 실제 경험과 연결해 더 구체적인 사례로 확장해간다면 자신만의 자존감 사용 설명서나 매뉴얼을 마련하는 데 도움이 될 것이다.

사회적 지위에 대한 집착과 분노

인정 욕구 역시 여타 수많은 욕구처럼 신체 항상성의 불균형 해소와 관련된다. 이 공통점을 기반으로 인정 욕구를 좀 더 일반적인 욕구와 비교해 살펴보는 것은 이해하는 데 도움이 된다.

배가 고프다고 음식을 허겁지겁 먹으면 체하기 쉽다. 사람 관계도 마찬가지다. 타인으로부터 인정받고 싶은 마음이 너무 크거나 인정받지 못한 기간이 너무 오래된 상황에서 누군가에게 위로의 말 또는 칭찬을 들으면, 그 순간의 경험에 지나치게 의미를 부여하고 집착할 가능성이 커진다. 그런 사회적 보상을 제공한 타인에게 과도하게 의존하거나 무조건적인 신뢰를 갖기도 한다. 다행히 그 사람이 나에게도 선의를 갖고 있는 조력자라면 다행이지만, 혹여 악의를 품고 접근한 사람이라면 치명적인 결과를 초래할지도 모른다. 오랫동안 인정받지 못해 타인의 관심과 위로를 심하게 갈구하는 상황에서는 지금 당장 그 욕구를 채우기 위해 위험한 관계를 성급하게 시작하거나 집착하기보다, 자신의 상태를 인식하고 관계를 최대한 신중히 관찰하여 선별하는 태도가 중요하다.

배가 고플 때는 먹을 생각만 맴돌아 떨쳐버리기가 쉽지 않다. 눈앞에서 당장 끝내야 할 중요한 일이 있어도 집중하기는커녕 머릿속에 먹고 싶은 메뉴들만 왔다갔다한다. 내가 타인의 관심과 호감을 얼마만큼 받고 있는지 끊임없이 확인하려는 행동도 이와 마찬가지다. 타인의 긍정적인 말과 행동에 오랫동안 목말랐던 사람이 SNS상에서 지지와 인기를 얻으면, 기대 수준이 높아진 만큼 이제 그 이상의 감동을 주는 호감과 칭찬을 확인하는 데 온 정신이 팔리기도 한다. 이런 경우 자신에게 찬사나 감사를 건네는 댓글 또는 "좋아요" 심벌을 시시때때로 찾아내느라 하루 종일 일과도, 과업도 소홀히 한 채 각종 SNS 게시물과 인터넷 커뮤니티를 들락날락하며 눈에 불을 켜고 달려든다.

너무 달거나 맵거나 짠 자극적인 음식에 점차 길들면 그 뒤로 다소 싱거운 음식에는 좀처럼 손이 가지 않게 마련이다. 사회적 관계도 그렇다. 과도한 칭찬과 인정에 반복적으로 노출된 후에는 그와 비슷하거나 그보다 덜한 칭찬과 인정에 오히려 실망한다. 이런 실망감은 더 자극적인 음식을 찾아 헤매듯 더 강렬한 칭찬과 인정을 얻으려는 노력을 촉진한다. 사회적 지위가 높은 사람이 타인의 존경이나 감사를 기대만큼 받지 못했을 때 화를 내든지 상대방을 공격하든지 하는 경우가 여기에 해당한다.

남편이 집에서 살림만 하는 나를 무시해서, 엄마가 하루 종일 게임만 하는 나를 한심하다고 무시해서, 성공한 친구가 나의 처지를 무시해서 등 우리 주변에서 일어나는 폭력이나 범죄 행동의 동기로 '무시'라는 키워드가 자주 등장한다. 무시란 내가 기대한 만큼의 존중을 받지 못했을 때 발생하는 감정이라는 점에서 상대적 개념이며 나의 기대가 어떤 수준이었는지에 따라 크게 달라질 수 있다. 내가 누군가에게 인정받고 싶은 마음이 자주 들고 인정받지 못했을 때 무시당했다는 생각에 불쾌해진다면 자존감의 불균형 상태로 볼 수 있다.

타인의 불편함을 알아차리지 못하는 사람들

타인의 기분이나 상황은 전혀 신경 쓰지 않는 자기중심적인 사람들의 특징은 무엇일까? 사실 세상 모든 사람은 자기중심적이며, 자기중심성이야말로 생명이 부여하는 인간의 가장 기본적인 본성이다. 생명의 가장 궁극적인 목적은 자신의 복제를 남기고 사라지기 전까지 신체 항상성을 유지하기 위해 끊임없이 노력하는 것이다. 이런 생명의 자기중심성은 알로스테시스 과정을 통해 다양하고 복잡한 가치를 만들어내고 사회화 과정을 거치며 주변 환경과 타협점을 찾아가도록 해주는 원동력이다.

그렇다면 사람마다 자기중심적인 정도가 다른 이유는 뭘까? 어떤 사람이 평상시에 타인의 기분이나 상황을 고려하지 못하고 주변 사람들로부터 미움받는다면, 주변 환경에 따라 자신의 욕구를 충족하는 방식을 적절하게 바꾸는 데 어려움을 겪는 사람일 수 있다. 이는 타인이 자신에게 보내는 사회적 보상 혹은 처벌에 대한 민감도가 떨어지기 때문일 가능성이 높다. 이러한 특성은 유전적으로 이미 결정된 선천성인 경우도 있고, 경험을 통해 습득된 후천성인 경우도 있다.

나는 자기중심적 사람인가

먼저 선천성인 경우는 기본적으로 타인의 시선에 둔감한 자폐증 같은 사례가 해당한다.[1] 자폐증은 타인과 상호 작용하며 얻는 보상감을 느끼지 못하는 정신적 질환이며, 앞서 말했듯이 옥시토신 같은 신경전달물질을 생성하고 활용하는 생물학적 기제의 결함 때문에 발생할 수 있다. 후천성인 경우는 타인의 칭찬과 호감에만 익숙해진 사람들이 상대적으로 비난에 무뎌지는 현상이 해당한다. 어떤 행동을 하더라도 항상 지지와 찬사만 듣는 사람은 점점 더 자신의 욕구를 표현하는 데 과감해지고 타인의 불편을 잘 알아채지 못하는 성향으로 변하기 쉽다. 역설적이게도 우리는 이처럼 타인의 시선을 의식하지 않고 행동하는 사람들을 부러워하거나 좋아할 때가 많다.

한 개인도 과거에 어떤 경험을 했고 이제껏 그 경험을 정교하게 체화하는 데 얼마나 노력했는지에 따라 자기중심성이 다르게 나타난다. 직장에서는 타인의 의견을 수용하는 데 유연한 반면에 가정에서는 자기중심적인 사람들, 또 그 반대인 경우의 사람들이 그렇다. 이는 특정 집단에서 자신의 욕구가 다른 구성원들의 욕구와 상충하는 경험을 얼마나 자주 했는지, 이런 갈등을 어떻게 해결했는지에 따라 자기중심성 정도가 달라지기 때문에 소속 집단별로 다른 면모를 보이는 것이다.

내가 자기중심적인 사람인지 아닌지 알아낼 방법이 있을까? 안타깝게도 아직 과학적으로 입증된 방법이 없다. 단순한 테스트로는 파악할 수 없기 때문에 학계에서도 뇌 활동을 측정하는 뇌 영상 연구 기법까지 도입하며 자기중심성의 생물학적 기제를 알아내려 노력하고 있다. 누군가 간단한 자기중심성 테스트가 있다고 주장하며 소개한다면 신빙성부터 의심해보길 바란다. 괜히 테스트 결과를 맹신했다가 자기나 타인을 혐오하게 될 공산이 크기 때문이다.

간단한 테스트를 찾아다니기보다 정작 필요한 일은 스스로 질문해보는 것이다. 나 스스로 자기중심적인지 아닌지 알고 싶어졌다면 그러고 싶어진 이유에 대해 곰곰 생각해보는 것이 더 중요하다. 대부분의 자기중심적인 사람은 테스트의 필요조차 느끼지 못할 것이다. 자기중심성의 특징이 뭔지, 자신이 자기중심적인지 스스로 궁금해한 것 자체가 타인의 시선을 의식한다는 증거로, 자기중심성과는 거리가 먼 사람이라는 반증이라 할 수 있다.

과도하게 참여하거나 과도하게 멀어지거나

혼자서는 생존을 지속할 수 없는 연약한 인간이라는 개체는 끊임없이 집단에 소속하기를 갈구한다. 그리고 소속 집단을 통해 자신의 생존 가능성을 알리고 그 집단이 얼마나 훌륭한지 과시하고 싶어한다. 대중이 선망하는 대학교의 재학생이 장소 불문하고 학교와 학과 이름이 들어간 단체복을 입고 다니는 이유에는 자신의 지적 능력이나 소속 대학교의 위상을 드러내려는 의도가 숨어 있을 가능성도 있다. 어떤 이들은 평소에 자신의 출신지 · 집안 · 학벌 · 인맥 등을 강조하며 자부하는데, 여기에도 소속 집단의 우수성과 사회적 영향력을 과시하려는 의도가 숨어 있다고 볼 수 있다.

당신이 사회적 관계를 유지하는 비용

사회적 관계는 시작이 쉽더라도 유지는 결코 쉽지 않다. 어떤 집단이든 소속감을 유지하려면 비용이 들게 마련이다. 시간과 돈은 물론이고, 끊임없는 요구에 적절히 반응해야 하는 에너지도 든다. SNS 단체 대화방에 올라오는 수많은 말에 일일이 짧게나마 답변하고, 집안 사람들이나 지인들의 경조사를 정성껏 챙기는 등 다양한 방식으로 소속감 유지 비용을 치른다.

사회적 관계의 유지에는 비용뿐 아니라 그 비용을 치르는 행동이 정당하다고 인식하는 근거 또한 필요하다. 그래서 자기처럼 집단에 헌신적으로 참여하지 않는 사람이 그에 합당한 부정적 대가를 치르는 것을 확인하면 자신의 헌신적 참여 행동을 정당화하며 지속한다. 바로 이런 이유로, 어떤 모임이건 적극적으로 참여하지 않는 구성원을 나머지 구성원이 뒤에서 험담하는 일이야말로 그 모임의 결속력을 유지하는 데 효과적이다.

집단 소속감을 유지하기 부담스러워 뜸하게 참여하거나 끝내 단절하는 데도 비용을 치러야 한다. 소속감으로 얻는 보상을 포기해도 그 보상에 대한 욕구는 사라지지 않기에, 이 욕구가 만들어내는 신체 항상성의 불균형은 여전히 남는다. 따라서 불균형 해소 욕구를 지속하는 비용을 치러야 한다. 예를 들어 집단에 적극적으로 참여하는 사람을 비난하는 행동, 집단을 위한 이타적 행동의 이면에서 그들의 불순한 의도를 찾아 드러내어 확인하려는 행동, 집단에서 이탈해 자립한 것이 얼마나 좋은 선택인지 끊임없이 확인하려는 행동, 집단을 떠난 장점을 주변에 알리고 자신의 선택을 지지해주는 피드백을 끊임없이 찾아다니는 행동 등이 그러한 비용에 해당한다.

이와 같이 집단에 다가가려는 과도한 참여 욕구와 집단에서 멀어지려는 과도한 이탈 욕구는 모습만 다를 뿐 모두 자존감 불균형 상태다. 자존감 불균형은 집단의 생성과 함께 발생하며 다양한 반응 양상으로 표출될 수 있다. 다시 말해, 독립적으로 살아가던 개인이 특정 집단이 생겨남에 따라 그 집단에 소속할지 여부를 선택하려는 순간 사회적 수준에서 불균형이 발생하고, 사회적 불균형은 개인에게도 자존감 불균형을 일으킨다.

그렇다면 집단이 생겨난다는 것 자체를 악으로 보아야 할까? 이보다는 집단을 형성하는 목적을 되새길 필요가 있다. 불균형을 심화하는 거대 집단에 저항하며 그 확산을 막고자 생겨나는 집단은 필요해 보이지만, 집단을 이루지 않은 독립적인 개인이 유지하는 균형 상태를 깨고 자원을 독점하며 위계적 관계를 조장하기 위해 생겨나는 집단은 불필요해 보인다. 전자는 불균형을 해소하기 위한 집단이지만 후자는 불균형을 유발하는 집단이다. 집단 형성의 목적이 불균형을 해소하기 위한 것인지, 오히려 불균형을 야기하거나 악화하기 위한 것인지를 중요한 기준으로 삼아서 사회적 관계나 집단 소속을 고민해볼 필요가 있다.

누군가를 험담하는 의외의 심리

타인의 인정이라는 것은 상대적인 자원이다. 누군가에게 여러 사람의 관심이 쏠렸다는 것은 상대적으로 다른 이에게 갈 만한 관심이 그만큼 줄었다는 뜻이다. 그래서 사회적 보상이야말로 경쟁이 가장 치열한 보상이라고 할 수 있으며, 내가 사회적 보상을 충분히 받는지 확인할 가장 효과적인 방법은 내가 파악할 수 있는 범위 내 사람들이 나에 비해서 얼마만큼 보상을 받는지 비교하는 것이다. 따라서 사회비교는 사회적 보상을 추구하도록 설계된 뇌의 자연스럽고 건강한 기능이라고 볼 수 있다.

그렇다면 사회비교는 언제 문제가 될까? 바로 사회비교가 유발하는 불균형을 해소하는 방식에서 문제가 일어날 수도 있고 아닐 수도 있다.

부러우면 지는 거다?

문제를 일으키는 불균형 해소 방식은 대표적으로 험담과 공격이다. 나보다 사회적 보상을 많이 받는 누군가를 질투하며, 그러한 불균형 상태를 해소하려고 그 사람이 받는 사회적 보상이 정당하지 않음을 확인하거나 드러내 알리려 하는 것이다. 부유한 사람, 외모가 매력적인 사람, 지식이 풍부한 사람 등에 대해, 그들이 소유한 것들이 도덕적이지 않고 불공정함을 확인하며 주변에 알리려는 행동이 그런 예다. 내가 직접 불쾌나 분노를 표출하지 않더라도, 그들의 불공정을 입증할 증거를 내가 제시할 때 주변 사람들이 보이는 실망감이나 분노를 관찰하는 것만으로 불균형 상태를 해소하기에 충분할 것이다.

나에게 누군가를 험담하고 싶은 마음이 든다면 어떻게 대처해야 할까? 일단 그 감정이 전달하는 신호를 인식하고 해석해야 한다. 내가 누군가를 심하게 질투하고 부러워하는 경우, 또 그 대상이 고통스러워하는 모습에 묘한 쾌감을 느끼는 경우 그 감정이 주는 메시지를 정확히 읽고 감정의 기저에 나의 어떤 욕구가 있는지 파악하는 데 집중해야 한다.

부러움과 질투라는 감정은 나의 현재 상태와 변화 방향을 말해주는 유용한 정보로 볼 수 있다. 예를 들어, 나의 부러움과 질투를 산 누군가가 고통을 겪는 모습이 알 수 없는 쾌감을 일으켰다면 그 사건이 어쨌든 나의 불균형을 해소했다는 의미다. 그리고 부러움과 질투의 감정이 그 사람의 성공담을 접하고 촉발했다면 이는 내가 현재 삶에 만족하지 못한다는 상황을 파악하게 해주는 신호이기도 해서, 삶의 만족도를 스스로 높이기 위해 나는 어떻게 변해야 하는지 단서를 주는 메시지가 될 수 있다. 이 메시지를 잘 읽어보면 내가 오랫동안 알아채지 못한, 혹은 알면서도 외면하며 억누른 욕구를 마주할 것이다. 그리고 이 욕구를 더 건강하게 해소할 방법을 찾거나 그 욕구가 촉발되지 않도록 미리 방지할 수 있다. 예를 들어, 나의 현재 상태를 바꿔 욕구를 충족할 다른 선택을 찾거나 부러움의 대상과 거리를 두는 선택을 할 수 있다. 결국 부러움과 질투라는 감정이 고개를 들 때 나와 타인 모두를 위한 최선의 대응책은 타인을 향한 험담이나 공격이 아닌 나 자신을 침착하게 돌아보는 것이다.

도덕적 우월성을 과시하고 싶을 때

앞서 살펴본 바 있듯이, 자기 의식과 자기 인식 간의 차이를 구분하는 것은 매우 중요하다. 지인과 대화하다가 친구를 험담한 경우, 대화 당시에는 분위기에 휩쓸려 혹은 질투에 사로잡혀 그랬는데 뒤늦게 스스로 불편해지기도 한다. 이때 친구를 험담한 자신이 부끄러워 실제로 친구가 비난받을 만한 이유를 찾아내어 나쁜 사람으로 포장함으로써 자신의 행동을 정당화하려 할 것이다. 이처럼 자신의 과도한 인정 욕구 탓으로 여기기 내심 불편해서 이를 해소하려고 자신이 험담한 사유를 내세워 기정사실화하는 대처 방식이 바로 자기 의식에 해당한다. 반면에 자기 인식은 친구를 험담한 당시 내 감정의 원인을 정확히 파악하여 이해하고자 노력하는 대처 방식이다. 나의 인정 욕구를 원인으로 받아들이기까지 고통스러울 수 있지만, 좀 더 건강한 방식으로 스트레스를 해소하고 나아가 사회적 관계까지 개선할 수 있는 방식이다.

어쩌다 누군가를 비난하고 험담할 때는 그 대상이 얼마나 그럴 만한 사람인지 여부는 잠시 논외로 제쳐두고, 일단 내가 왜 비난하고 험담하는지 그 이유를 깊이 헤아려볼 필요가 있다. 아래 제시하는 이유 중 하나 또는 그 이상이 해당하는지 한번 점검해보자.

첫째, 그 사람이 나의 자존감을 건드렸기 때문인지 생각해보자. 나보다 외모나 능력이 뛰어나서 질투심이나 부러움을 산 것은 아닌지 한번 점검해볼 필요가 있다.

둘째, 그저 그 사람이 밉거나 혐오스럽기 때문인지 생각해보자. 만약 그렇다면 미움과 혐오의 원인이 정확히 무엇인지 파악해야 한다. 나에게 폭력을 가했거나 자존감에 상처를 냈거나 하지 않았는데도 그 감정이 지속된다면 혹시 나 스스로 회피하거나 외면하고 싶은 특성이 그 사람에게 있기 때문일지도 모른다. 어렸을 때 자신이 학교폭력의 피해자였거나 집안이 가난했다면 지금 그와 비슷한 상황에 있는 누군가를 볼 때 자신의 취약했던 시절이 떠올라 분노와 혐오를 일으킬 수 있다.

셋째, 혐오감과 공감이 동시에 들기 때문인지 생각해보자. 자신이 과거에 폭력의 피해자였는데 자신의 경험과 유사한 처지의 그 사람을 향한 공감이 강렬해지면, 과거의 가해자를 향한 분노가 혐오와 공감을 한꺼번에 일으킬지도 모른다. 실제로는 과거에 자신을 괴롭힌 가해자를 아직도 용서하지 못했거나 그 시절에서 완전히 벗어나지 못해서 일어난 감정인데 공감으로 착각했다고 볼 수 있다.

넷째, 그 사람이 정말 싫다기보다는 단지 그때 어색한 분위기를 깨고 싶었기 때문인지 생각해보자. 처음 만난 누군가와 대화가 끊겼을 때 침묵이 주는 어색함을 깨기 위해 그 자리에 없는 누군가를 공연히 희생양 삼아 대화를 이어가는 경우도 있다. 그때 왜 침묵의 어색함을 그토록 피하고 싶었는지 돌이켜볼 필요도 있다.

다섯째, 그 사람을 공공의 적으로 만들어 지금 함께 대화하는 집단 내에서 나의 존재감을 높이고 그들과 유대감을 높이려는 의도 때문인지 생각해보자. 충분히 이해할 수 있다. 공공의 적은 항상 구성원의 유대감을 높이는 가장 손쉽고 확실한 방법이다. 하지만 충동적으로 쉬운 길을 택한다면 반드시 대가도 치러야 할 것이다.

마지막으로, 그 사람이 실제로 부도덕해서 비난함으로써 나의 도덕성을 간접적으로 과시하고 싶었기 때문인지 생각해보자. 이때 험담이나 비난은 자신의 도덕적 우월성을 과시하는 데 더할 나위 없이 좋은 방법일 것이다.

차별과 혐오의 밑바닥에 있는 것

험담의 동기에는 다양하고 폭넓은 스펙트럼이 존재한다. 사실 누군가가 정말 싫다면 내가 취할 수 있는 가장 손쉽고도 효과적인 행동은 단순히 그 사람으로부터 멀어지는 것이다. 그 대신에 그 사람을 험담하기로 선택했다면 이 행동을 통해 내가 얻고자 하는 보상이 따로 있을 가능성이 높다. 즉, 험담하는 행동의 기저에 다른 동기가 추가되었다는 말인데, 그 동기로 가장 흔하며 강력한 것이 바로 인정 욕구다. 이런 관점에서 보면, 타인 혹은 특정 집단에 대해 혐오감을 표출하는 행동은 자신의 욕구와 감정을 해소하기 위한 목적인 경우가 많다.

우리는 신체 항상성의 불균형이 발생했을 때, 불균형의 원인을 정확히 파악하여 해소하는 데 많은 자원과 에너지가 들기에 더 간편하고 빠른 방식을 채택한다. 이 과정에서 생겨나는 것이 바로 차별과 혐오의 언어다. 노인을 비하하는 신조어 "틀딱충"은 노인 때문에 자신의 이익이 줄어들거나 권리가 침해된다고 여기는 일부 사람들이 언어를 통해서 가장 쉽고 충동적으로 감정을 해소하는 방식이라고 볼 수 있다. "된장녀" 같은 여성 혐오적 표현은 여성에 대한 성적 충동이나 위축감 등을 해소하려는 동기에서 비롯한 일종의 감정 조절 전략으로 볼 수 있다. 이런 행동은 자존감의 불균형 상태와 불균형의 근본적 원인을 해소해주지 못하기 때문에 그 상태 그대로 남는다. 자신의 근거 없는 험담이나 공격에 죄책감이 들어 억누르고자 그 행동을 정당화할 논리적 근거를 끊임없이 찾는다면, 오히려 자존감 불균형은 점점 더 악화할 것이다.

엉뚱한 대상에게 향하는 공격적 행동

자존감의 불균형을 차별과 혐오가 적나라하게 드러나는 언어폭력으로 해소했을 때 일시적으로는 효과가 있을지 모르겠지만, 근본적 해소에는 전혀 도움이 되지 않는다. 정도의 차이는 있지만 이와 비슷한 상황은 일상에서 다양한 양상으로 나타난다. 그중 하나는 엉뚱한 대상을 향한 공격적 행동이다.

예를 들어, 직장에서 상사의 질책을 심하게 받고 자존감에 상처를 심각하게 입으면 자존감 불균형을 유발한 근본적 원인을 해결하는 데 한계가 있어서 되도록 쉬운 해결 방식을 찾는다. 가장 흔한 방식이 비교적 만만한 친구든 가족에게 괜히 짜증이나 화를 내는 것이다.

근본적인 해결 방법이 아닌데도 애꿎은 대상에게 충동적으로 감정을 쏟아내며 자존감 불균형을 해소하려고 한다. 이처럼 부적절한 해소 방식을 습관으로 굳어지게 방치하면 불균형이 점점 더 악화한다.

혐오와 공격이 이목을 끌어 자신의 존재감을 드러내는 수단이 될 수 있다고 확신하면 이 행동은 더 잦아지고 강해진다. 인터넷상에서 연예인이나 정치인을 인신공격하는 악성 댓글을 수시로 다는 사람들이 그런 예다. 연구 결과 실제로 자신의 이야기를 할 때 뇌에서는 쾌감을 담당하는 측핵 부위의 활동이 증가하고, 이런 반응은 다른 사람들이 지켜보고 있을 때 더 증가한다고 한다.[2] 심지어 어떤 이들은 돈 같은 물질적 보상을 포기하면서까지 자신의 이야기를 할 기회를 선택한다고 한다.

이처럼 인터넷이라는 환경에서 익명성에 자신을 숨기고 악성 댓글을 마구 쏟아내며 추종자까지 양산하는 행동 역시 자존감 불균형으로 볼 수 있다. 역설적이게도, 타인의 인정을 받지 못함으로써 발생한 자존감 불균형이 촉발하는 충동적 공격 행동이 예상치 않게 타인의 인정을 받는 결과로 이어질 때, 그 행동은 무서운 파괴력을 얻는다. 그리고 그 행동은 타인의 고통에 대한 공감 능력의 결핍과 만날 때, 치명적인 살인 무기가 될 위험이 있다.

죄책감을 피할 수 있다면 뭐든 할 수 있어

십 년 전에 너랑 찍던 그 영화. 찍으면서 알았어. 망했다. 큰일 났다. 찍어서 걸면 백 프로 망하고. 난 재기도 못할 것 같았어. 난 그냥 어쩌다 천재로 추앙받는다는 거 알았어. 근데. 천재이고 싶었어. 천재로 남고 싶었어. 다시는 영화 못찍고 굶어 죽어도 천재로 남고 싶었어. 그래서 니 탓하기로 한 거야. 내가 구박하면 할수록 니가 벌벌 떨면서 엉망으로 연기하는 거 보면서 나 안심했어. 더 망가져라. 더 망가져라. 그래서 이 영화 엎어지자. 내가 무능한 게 아니라 쟤가 무능해서 그렇다. 반쯤 찍은 거 보고 제작사가 엎자고 했을 때 안심했어. 살 새끼들도 치사한 게 당할 애 알아봐. 조지면 망가질 애 알아본다구. 너 찍혔어. 그 새끼한테 희생타로 찍혔어. 왜 거기서 찍혀. 조지면 대들어. 바락바락 대들고 그냥 확 물어버려. 그때 니가 나한테 대들고 찍어 눌렀으면 나 이 지경까지 안 왔어. 내가 너한테 그렇게 하고 치사빤스 같은 내가 너무 싫어서 그냥 내가 스스로 알아서 망가져 산 거야. 망가지자, 벌주자. 치사한 이 박기훈, 이 새끼. 그래서 여기까지 굴러온 거야.

최근에 가장 흥미롭게 감상한 드라마 〈나의 아저씨〉에 등장하는 대사다. 우리 연구실에서 진행하는 연구의 한 주제인 자기불구화self-handicapping의 개념을 생생하게 드러내는 말이어서 듣는 순간 매료되고 말았다.

자기불구화란 자존감 저하를 미리 방지하기 위해 일부러 노력하지 않거나 목적과 반대로 선택하는 현상을 말한다.[3] 시험 성적이 저조할 것이라 예상하는 경우, 시험 전날 일부러 공부를 하지 않음으로써 성적이 자신의 무능력 때문이 아닌 게으름 때문이라는 변명을 스스로에게 혹은 주변 사람들에게 하려는 행동을 자기불구화로 볼 수 있다. 자신에게 점점 더 불리한 상황으로 일부러 자신을 내몰거나 상황을 의도적으로 자신에게 불리하게 만들어가는 일은 왜 벌어질까? 상황이나 운이 나빠서 나의 진정한 능력을 보여줄 수 없었다는 변명이 때로는 능력 없어도 운이 좋아 일이 잘 풀렸다는 말을 듣는 것보다 더 나은 경우도 있다. 나의 자존감 불균형을 미리 방지할 수 있다면 일부러 상황을 악화시키는 선택까지 받아들일 수 있다는 것이다.

자기방어 행동의 최후

영화 〈더 리더: 책 읽어주는 남자〉에서 주인공 한나는 자신이 문맹이라는 사실이 드러날세라 사랑하는 사람에게서 떠나기도 하고, 심지어 자신의 모든 것을 스스로 잃으려 들기도 한다. 한나가 자신의 모든 것을 내걸고 사수한 자존감은 무기징역이라는 형벌마저도 감내할 만큼 삶에서 어마어마한 무게를 차지하는 것 같았다. 아마 영화를 보고 나서 끝내 한나의 행동에 공감하지 못한 사람들이 많았을 것이다. 이처럼 자존감의 불균형을 사전에 예측하고 예방하려는 선택은 상식으로는 전혀 짐작하기 어려운 방향으로 나아가기도 한다.

수업 시간 혹은 세미나에서 질문을 하지 않는 행동도 비슷한 맥락에서 이해할 수 있다. 어리석은 질문으로 자존감의 불균형을 경험하기보다는 아예 질문을 하지 않는 편이 자존감 불균형을 예방하기에 더 좋은 전략이 될 수 있기 때문이다. 또 내가 좋아하는 이성에게 다가가 말을 건네기보다는 아예 시도조차 하지 않는 것이 혹시라도 거절당하면 입을 자존감의 상처를 미리 방지하기에 좋은 선택일지도 모른다.

죄책감을 해소하는 방식에도 자존감 불균형을 예방하려는 전략이 숨어 있다. 죄책감은 심각한 자존감 불균형 상태를 초래하기 때문에 피할 수만 있다면 어떠한 노력도 불사하는 양상을 띤다. 사회적 공분을 일으킬 만큼 중대 범죄를 저질러서 타인에게 회복할 수 없는 상처를 입힌 경우 평생 씻지 못할 죄책감을 짊어져야 할 것이다. 그런데도 일부 범죄자는 도의를 저버리고 죄책감을 모면하기에 급급한 모습을 보인다. 대표적으로, 범죄 행동의 원인을 타인, 심지어 피해자에게 돌리며 자존감의 불균형을 회복하려 든다. 범죄나 심각한 죄책감이 아니더라도 미안한 마음이 드는 경우 역시 마찬가지다. 미안한 마음을 벗어날 길이 없어 내내 괴로운 경우, 미안해하는 대상을 슬슬 회피하며 아예 안 보고 살 궁리를 하다가 급기야 그 대상을 미워하기에 이르기도 한다.

비난을 면하기 위해선 망가져도 좋아

영화 〈혐오스런 마츠코의 일생〉에서 주인공 마츠코는 뚱뚱하고 씻지 않아 냄새까지 나서 이웃에 혐오스런 존재로 낙인찍힌 채 살아간다. 다른 사람 없이는 아무것도 할 수 없을 정도로 의존적이지만, 세상에 자신을 사랑해줄 사람은 없다는 생각에 자기혐오에 빠져 이웃과 단절하고 스스로를 망친다. 어릴 적 몸이 아픈 여동생에게만 애정을 쏟는 아버지 밑에서 애정 결핍을 느끼며 자란 마츠코는 아버지의 사랑을 전부로 여기며, 사랑받을 수만 있다면 직업까지 바꿀 만큼 집착한다. 이러한 결핍감으로 인해 남자를 만나면 모든 것을 걸고 사랑하며, 사랑받기 위해 남자에게 의지한다. 아무도 사랑해주지 않는 자신은 아무것도 아니라는 생각에 의존적 마음이 점점 더 깊어진다.

마츠코가 사랑을 이루는 데 가장 큰 장애가 된 것은 마츠코 자신이었다. 자기 자신을 사랑해주지 못해서 결국 자신을 아무것도 아니도록 치닫는 삶의 굴레를 씌워버렸다. 만약 그녀가 의존적인 삶에서 벗어나 주도적으로 살아가며 자신을 사랑할 힘을 키웠다면 다른 인생이 펼쳐졌을 것이다.

자기혐오로 이어지는 과정

수치심이나 죄책감 같은 감정을 '자기 의식적 감정'이라 부른다. 부정적으로 보기 쉬운 이 감정은 사실 자신이 속한 집단에서 다른 구성원의 칭찬과 호감은 증가시키고 비난은 감소시키는 데 필요한 적응적 감정이라 할 수 있다.[4] 수치심이나 죄책감이 드는 것은 우리 행동이 앞으로 신체 항상성의 불균형을 초래할 수 있음을 사전에 예측한 상태라 할 수 있다. 이러한 불균형을 예방하기 위해 조치가 필요하다고 신체가 보내는 신호를 감지한 상태라는 말이다. 따라서 자기 의식적 감정은 우리로 하여금 이렇게 예측한 불균형을 미리 방지하기 위해 타인의 비난을 모면할 방법을 찾아 선택하게 한다.

하지만 자기 의식적 감정이 유발하는 행동을 반복하다가 습관으로 굳어지면 오히려 신체 항상성의 불균형을 악화하는 알로스테시스 과부하로 이어질 수 있다. 영화 속 마츠코처럼 자존감 불균형을 경험할 때마다 수치심이나 죄책감을 느끼고 이러한 감정이 반복되어 습관화하면 자기혐오로 이어지는 것이다. 자기혐오가 일어나면 자존감 불균형의 원인이 내가 아닌 타인에게 있는데도 나 자신에게 화살을 돌려 스스로 질책하고 비난하는 행동을 반복한다. 늘 누군가의 사랑과 인정을 갈구하고 그 사람을 위해 헌신적 사랑을 쏟다가 결국 배신당하고도 그 원인을 자기, 즉 자신을 아무에게도 사랑받을 수 없는 존재로 여기는 자기에게 돌리는 마츠코의 모습이 곧 자기혐오다.

영화에서 마츠코는 누군가가 화를 내거나 불편해하면 일부러 우스꽝스러운 표정을 짓곤 한다. 처음엔 아빠의 관심을 얻거나 힘들어하는 마음을 띄워 달래려고 그랬지만, 나중에는 누군가 기분이 안 좋아 보이면 반사적으로 튀어나오는 행동처럼 습관이 되었다. 마츠코라는 이름의 캐릭터는 타인의 시선, 관심, 호감을 얻을 수만 있다면 기꺼이 스스로 망가지는 성격의 소유자였다.

마츠코 정도는 아니어도 우리 주변에는 타인의 기분을 맞춰주느라 자신의 기분과는 전혀 상관없이 장난이나 농담을 끊임없이 시도하는 사람들을 볼 수 있다. 아무에게도 상처 주지 않고 타인의 기분을 좋게 해주는 대표적인 행동이 자기비하적 농담이다. 항상 타인을 배려하는 데 급급한 나머지 자신을 낮추는 사람이 몸에 밴 듯이 하는 행동이 바로 자기비하적 농담일 것이다. 자기비하적 농담으로 자기 최면에 걸려 끝내 매몰되지 않으려면 그 농담 뒤에 숨겨진 자신의 욕구를 직시해야 한다.

3부

감정을 직면하는 뇌

7

뇌는 어떻게,
왜 감정을 만들어내는가

자기 감정을 들여다볼 때 뇌가 바뀐다

어느 날 우연히 동영상 한 장면이 눈에 들어왔다. 식료품점을 지나는 카메라에 잡힌 사람들과 물건들 형상이 하나같이 이상했다. 사람은 동물의 얼굴을, 물건은 사람의 얼굴을 하고 있었다. 너무나도 기괴하여 자세히 보니 구글 딥러닝 알고리즘이 학습한 패턴을 시각화하는 딥드림deepDream과 관련된 영상이었다. 딥드림 알고리즘이 학습한 패턴들의 가중치를 높여서 예측 편향을 과도하게 설정하면 일상의 모든 대상이 제 모습과 달리 왜곡된 형상으로 보이는 것이었다.

홍미롭게도 이와 같은 장면은 조현병을 앓거나 환각제를 복용하면 나타나는 환시 장면과 흡사하다고 한다. 물론 이 사례는 인공지능 알고리즘이 만든 가상의 결과물일 뿐 실제 뇌가 작동하는 방식을 보여주는 것은 아니다. 하지만 딥드림을 통해 유추해보건대, 세상을 왜곡하여 지각하게 하는 것은 바로 우리 뇌의 뛰어난 예측 기능이라고 할 수 있다.

뇌는 기본적으로 과거의 경험을 토대로 미래를 예측하도록 설계되어 있다. 이런 점에서 보면, 과거를 회상할 때 활성화하는 부위와 미래를 상상할 때 활성화하는 부위가 거의 동일한 것으로 밝혀진 연구 결과는 새삼스러울 것도 없다.[1] 이러한 증거는 기억이 주로 미래를 예측하는 기능을 한다는 주장과 상당히 일치하며, 미래에 대한 예측은 결국 과거의 기억이라는 재료를 재구성한 결과물에 불과하다는 주장과도 상통한다. 궁극적으로 생존의 극대화를 추구하는 유기체에서 과거를 기억하는 능력과 미래를 상상하는 능력은 한 뿌리에서 자라난 두 줄기 심리 과정으로 볼 수 있다.

인간의 뇌는 외부 환경을 관찰하고 분석하거나 타인의 심리를 정확하게 파악하여 이들을 통제함으로써 생존 가능성을 극대화하는 궁극적 목적을 달성하는 데 최적화되었다. 따라서 뇌는 생겨나는 시점부터 신체에서 외부 환경으로 관심을 돌려 끊임없이 외부 환경의 변화를 예측하도록 설계되었다. 이처럼 뇌의 관심 범위는 신체로부터 외부로 확장하지만, 신체의 항상성 유지를 목표로 한다는 것에는 변함이 없다. 우리가 일상에서 보고 듣고 만지는 모든 대상은 나와 별개로 존재하는 것 같지만, 사실 나의 뇌가 신체의 항상성 유지에 필요한 정보만 선택한 것이다. 우리가 일상에서 보고 듣고 기억하고 느끼는 모든 경험이 심장 박동과 관련된다는 최근 연구 결과들은 이런 주장을 뒷받침해주는 증거다.[2]

이처럼 관심 범위를 신체에서 외부 환경으로 끊임없이 확장하도록 설계된 뇌의 작동 방식은 상대적으로 관심 범위를 외부에서 내부로 옮겨 자신의 감정을 돌아보고 분석하여 원인을 찾기 위한 목적에는 맞지 않는 편이다. 즉, 뇌의 관심을 외부 환경에서 내부로 옮겨 자신을 들여다보는 일은 뇌가 설계된 방식을 역행하는 작동 방식으로 볼 수 있다. 어쩌면 이런 뇌의 설계 방식 때문에 우리는 항상 괴로움이나 불안의 원인을 나 자신이 아닌 타인 혹은 주변 상황에서 찾을 운명인 것은 아닐까?

두 개의 상반된 신경 회로

사실 뇌가 설계된 방식을 역행하는 일이 전혀 불가능한 것은 아니다. 우리 뇌는 때로 외부 환경에서 관심을 거두어 자신 혹은 신체 내부로 돌릴 수 있다. 뇌가 설계 방식과 반대로 작동하는 과정을 깊이 들여다보면, 뇌가 외부 자극에 지나치게 몰입하면서 발생하는 알로스테시스 과부하를 방지하거나 완화할 방법을 알 수 있을 것이다.

2001년 미국 워싱턴대학교 의과학대학 소속 신경과학자인 마커스 레이클 교수와 연구팀이 발표한 기념비적 연구에 따르면, 뇌가 어떤 작업에 몰두할 때 추가로 소비하는 에너지는 약 5%밖에 안 된다고 한다. 즉, 우리가 아무 일도 안 하더라도 뇌는 늘 백그라운드 작업을 수행한다는 말이다. 레이클 교수는 뇌의 이런 백그라운드 활동을 디

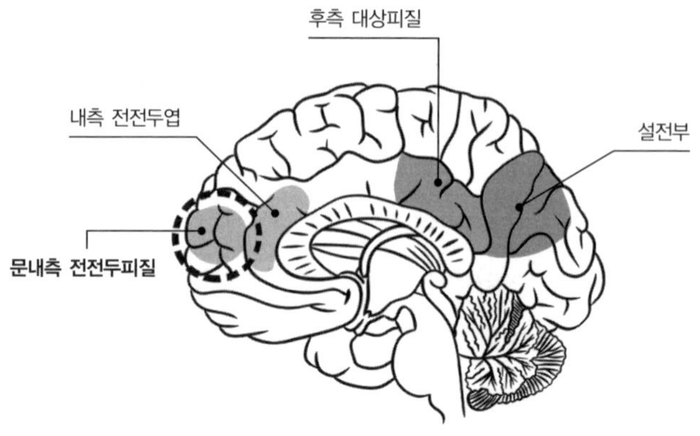

25 디폴트 모드 네트워크(DMN)는 우리가 아무 일도 안 하는 동안 오히려 긴밀하게 소통하며 활성화되는 뇌 부위를 가리킨다. 여기서 대표적인 부위가 문내측 전전두피질이다.

폴트 모드default mode라 명명했다. 이후 연구진은 이러한 디폴트 모드 동안 오히려 긴밀하게 소통하며 활동이 증가한 부위를 규명했으며, 일련의 부위를 통틀어 디폴트 모드 네트워크Default-mode Network, DMN라고 일컬었다.[3] 여기서 대표적인 부위가 바로 문내측 전전두피질이다(그림 25). 문내측 전전두피질은 내측 전전두피질의 하위 영역인 복내측 전전두피질과 배내측 전전두피질의 사이에 자리한 부위로, 앞서 말했듯이 신체 내부 신호와 외부 환경 신호를 취합하여 둘 간의 균형점을 유지하는 기능을 한다. 연구 결과 DMN의 가장 두드러지는 특징은 참가자들이 실험자가 요구한 행동 과제를 마친 후 휴식을 취하는 동안 유독 활동이 급증한다는 점이다. DMN은 익숙지 않은 새 과제를 수행할 때보다 꽤 숙련한 과제를 수행할 때, 그리고 휴식하는 동

안 잡생각을 많이 할수록 활동이 증가했다.[4]

DMN의 활동이 반드시 휴식 중에만 증가하는 것은 아니다. 자신의 과거를 기억하거나 미래를 예측할 때, 상대의 마음을 추론하거나 도덕적으로 판단할 때 등 다양한 심리적 상황에서 DMN과 상당히 유사한 신경 회로 활동이 증가하는 것으로 나타났다.[5] 여기에는 공통점이 있다. 현재 외부 환경에 존재하는 자극에 집중하는 것이 아니라 현재 존재하지 않는 대안의 현실alternative reality을 상상한다는 것이다. 사실 우리는 잡생각에 빠질 때 '지금-여기here and now'로부터 벗어나곤 하며, 이때 생각은 과거나 미래로 마음껏 여행을 떠날 수 있다. 어쩌면 DMN은 현재 외부 환경에 놓인 나의 주의를 거둬들여 신체 내부 혹은 과거나 미래로 여행을 떠나게 해주는 것은 아닐까?

DMN과 기능적·구조적으로 매우 상반된 신경 회로가 있다. 바로 중앙 집행 네트워크Central executive network, CEN이다. 대표적으로 배외측 전전두피질Dorsolateral prefrontal cortex과 후측두정엽Posterior parietal cortex을 포함한 CEN은 주로 외부 환경의 감각 자극들에 집중하는 동안,[6] 그리고 작업 기억이나 문제 해결을 수행하는 동안[7] 활동이 증가하는 것으로 알려져 있다(그림 26). CEN과 DMN은 정반대로 작용하여, CEN 활동이 증가하면 DMN 활동은 감소하고 DMN 활동이 증가하면 CEN 활동은 감소한다. 아마 우리 뇌는 상상 속 대상에 주의를 기울일 때와 현존하는 외부 대상에 주의를 기울일 때 다르게 반응하는 두 개의 상반된 신경 회로가 있어 제한된 주의 자원을 선점하려고 경쟁

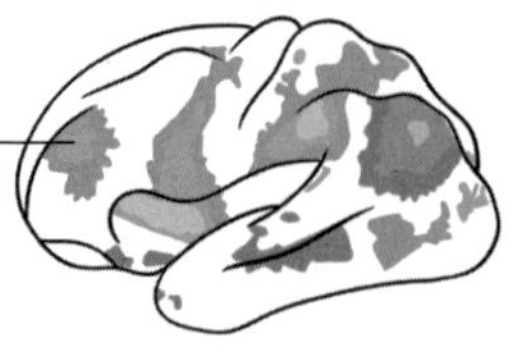

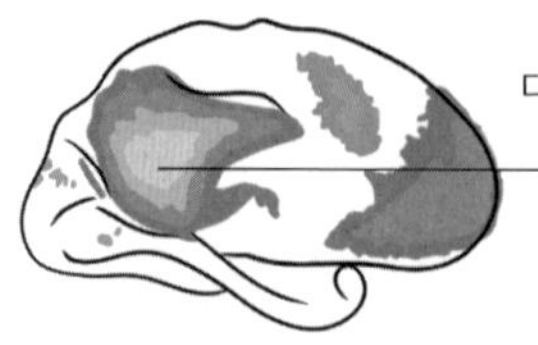

26 디폴트 모드 네트워크(DMN)와 중앙 집행 네크워크(CEN)는 우리 뇌에서 정반대로 작용한다. 상상 대상과 실재 대상에 주의를 기울일 때 각각 다르게 반응하는 신경 회로 때문인 듯하다.

하는 것 같다.

그럼 외부 환경의 자극에 집중해야 할 때 잡생각에 빠진다면 어떤 신체 반응이 나타날까? 한 연구에서 간단한 기억 과제를 사용해 이러한 궁금증을 풀었다. 실험에서 참가자들은 연속적으로 제시되는 단어들을 기억하는 과제를 수행했고, 그동안 피부 전도 반응skin conductance response, SCR과 심장 박동률heart rate, HR을 측정했다.[8] 실험 도중 간혹 화면에 "STOP"이라는 메시지가 나오면 그 순간 어떤 생각을 하고 있었는지 알려달라는 실험자의 질문에 참가자들이 버튼 조작으로 답했다. 그 순간 과제에 집중했다면 "on-task" 버튼, 딴생각을 했으면 "off-task" 버튼을 눌렀다. 모든 기억 과제를 마치면 기억 검사로 단어 완성 과제word completion task를 수행했다. 결과는 예상대로, 과제에 집중한 순간에 비해서 딴생각을 한 순간에 제시된 단어들은 잘 기억하지 못했다. 그리고 과제에 집중하지 못하고 딴생각을 하는 중에는 피부 전도 반응과 심장 박동률이 현저하게 증가했다. 이는 외부 세계에서 주의를 거둬들여 내면에 집중할 때 우리 뇌가 비로소 신체와 더 긴밀히 소통한다는 증거가 아닐까? 외부 세계에 집중하는 동안 자기 자신에 대한 생각은 억제되는 듯 보이는 반면, 자기 자신에 대해 생각하는 동안 우리 주의력은 외부 세상으로부터 잠시 멀어져 그동안 잊고 있었던 신체라는 내부 세계로 돌아오는 것처럼 보인다.

자발적 외로움의 시간을 권함

뇌와 신체가 소통하는 정도를 측정하는 데 유용한 생리학적 지표가 있다. 심박변이도heart rate variability, HRV로, 심전도electrocardiogram, ECG를 통해 측정할 수 있다.[9] 심박변이도는 연속되는 심장 박동 간 시간 간격의 변화를 측정한 값을 말한다.

심박변이도는 자율신경계 불균형을 측정하는 가장 간단한 방법으로 알려져 있다. 예컨대 심박변이도는 싸울 것인지 도망칠 것인지 망설이는 순간에 낮게 나타나는 반면, 편안한 상태에서는 높게 나타난다. 이러한 차이는 전반적으로 심장 박동수가 빠르다든지 느리다는 것과는 개념이 다른데, 능숙한 운전자가 노면의 변화나 길의 굴곡 등을 세심히 관찰하며 매 순간 적절하게 기어를 변경해가면서 주행하는 것에 비유할 수 있다. 즉, 자율신경계가 건강할수록 상황에 따라 신속하고 유연하게 기어를 변속할 수 있으며 이때 심박변이도는 높게 나타난다. 높은 심박변이도는 부교감 신경계가 효율적으로 활동한다는 것을 말해주며, 이는 높은 회복탄력성이나 정서적 유연성과도 관련된다. 반면에 우울증이나 불안 같은 정신 질환을 비롯해 심혈관 질환, 사망 위험 등 건강 악화 징후에서는 심박변이도가 낮게 나타난다.[10]

심박변이도는 알로스테시스 기능과도 밀접한 관계가 있다. 낮은 심박변이도는 외부 환경의 변화와는 무관하게, 주로 항상성 조절을 위한 반사 신경 회로의 작동에 의해 미리 결정된 설정값에만 의존해서 수동적으로 심장 박동수를 조절한 결과이다. 능숙한 운전자와는 반대로, 노면의 변화나 길의 굴곡 같은 맥락 정보는 모두 무시하고 오로지 초기화 모드에 의존해서 주행하는 초보 운전자에 비유할 수 있다.

반면에 높은 심박변이도는 척수에 위치한 항상성 조절 반사 신경 회로에 미리 결정된 설정값을 대뇌피질이 섬세하게 조절하는 상태를 가리키며, 알로스테시스 조절 과정이 더 능동적이고 효율적이라는 것을 말해준다. 즉, 대뇌피질은 운전자, 항상성 조절 반사 신경 회로는 액셀과 브레이크에 비유할 수 있다. 높은 심박변이도는 뇌가 신체 기관들과 외부 환경의 변화를 지속적으로 세심히 모니터링하면서 신체 항상성을 유지하기 위한 최적의 방법을 모색하고 있는 상태를 가리킨다.

심장 박동수 변화량이 말해주는 것

심박변이도는 어떤 신경 회로와 연관이 있을까? 이와 관련해 이루어진 많은 연구 결과를 종합한 메타 연구meta analysis에 따르면, 심박변이도와 밀접한 뇌 부위 또한 문내측 전전두피질이다.[11] 문내측 전전두피질은 신체 내부 신호와 외부 환경 신호 간의 균형점을 유지하는 알로스테시스 기능에서 핵심 역할을 하는데, 이 부위가 심박변이도와도 긴밀하게 관련된다는 사실은 절대 우연일 수 없다.

한 연구 결과 모든 연령대에서 높은 심박변이도를 보인 사람들은 휴식을 취하는 동안 문내측 전전두피질이 편도체와 강하게 상호작용하는 현상을 보였다.[12] 편도체는 주로 부정적 자극에 반사적으로 반응하는 영역이자 감정 관련 정보를 처리하는 대표적인 영역으로 알려져 있다. 심박변이도가 높은 사람들이 문내측 전전두피질과 편도체 간의 강력한 기능적 연결성을 보인다는 사실은 이들의 감정 조절 기능이 효율적이고 안정적으로 작동한다는 것을 말해준다. 그리고 문내측 전전두피질이 편도체와 긴밀하게 소통하면서 자율신경계를 더 효과적으로 조절하는 기능을 한다는 것을 시사한다.

문내측 전전두피질은 타인보다 자기 자신 혹은 자신에게 의미 있는 타인을 생각할 때 신호가 증가하는 자기 참조 영역이며, 외부 자극에 집중할 때보다 아무 일도 하지 않는 휴식 중에 신호가 증가하는 디폴트 모드 네트워크의 핵심 영역이다. 아울러 자율신경계의 효율적 조절을 반영하는 심박변이도와도 밀접하다. 이렇게 다양한 기능을 종합해보면, 문내측 전전두피질은 외부 환경에서 벗어나 신체 내부에 집중하는 데 필요한 신경 회로를 구성하는 가장 핵심적인 부위로 보인다. 우리가 편안히 휴식을 취하는 동안 외부 환경에서 주의를 거두어 내면으로 돌릴 때, 타인보다는 자기 자신을 돌아볼 때, 그리고 자율신경계를 효과적으로 제어하려고 편도체와 소통할 때, 공통적으로 문내측 전전두피질의 활동이 증가한다는 사실은 위의 주장을 잘 뒷받침해준다.

이처럼 외부에서 내부로 주의를 전환하는 과정은 신체 내부 신호에 대한 더 섬세한 모니터링을 수반하는 것처럼 보인다. 그리고 이런 과정을 통해 잠재적인 신체 불균형을 사전에 방지함으로써 신체 상태를 더 잘 통제하고 조절하는 것 같다. 이러한 해석은 이따금 우리가 격한 감정을 유발하는 사회적 관계를 벗어나 균형점을 회복하기 위해 타인으로부터, 외부 환경으로부터 자신을 고립시켜 단절 상황에서 자기 감정과 신체에 오롯이 집중하려 애쓰는 이유를 과학적으로 해명해준다. 이런 시간은 선택을 어렵게 만드는 복잡한 외부 환경 자극들 가운데 어떤 것이 중요하고 어떤 것이 중요하지 않은지 신체 신호를 기준으로 정리할 기회를 제공해줄 수 있다.

오늘의 뇌, 내일의 뇌

철학자 미셸 푸코는 "정신은 신체의 감옥"이라고 주장한 바 있다. 이러한 주장은 자기를 형성하고 유지하거나 확장하고자 끊임없이 노력하는 알로스테시스 과정과 일맥상통한다. 외부 환경이 만드는 수많은 제약 아래 신체의 다양한 요구 신호에 부합하는 반응을 찾아가는 과정에서 자기라는 정신이 탄생하고 정신은 역으로 신체 상태를 제약한다.

타인의 칭찬을 얻기 위해 행동을 수정하며 만들어낸 '착한 나'는 매 순간 타인의 시선을 의식하며, 칭찬을 얻고 비난을 피하기 위해 행동을 구속하는 '약한 나'를 만들어낸다. 어쩌면 신체의 궁극적인 목표는 신체 상태를 무시하는 수준까지 왜곡된 자기가 만드는 제약으로부터 벗어나서, 신체를 구속하여 불균형을 악화하는 뇌로부터 전달받는 부당한 알로스테시스 예측 신호에 맞서 저항하는 것이 아닐까? 이는 거대해진 사회적 시스템이 공동의 목표를 앞세워 구성원 개인의 행복을 제약하는 상황이 지속될 때, 개인의 목소리를 모아 시스템 개혁을 주장하는 사회적 혁명에 비유할 수 있다.

뇌의 예측과 다른 신체 상태를 경험할 때 우리는 그냥 이를 무시하고 순응할지, 아니면 이러한 예측 오류의 원인을 찾아 새로운 가치를 창조할지 결정해야 하는 중대한 갈림길에 놓인다. 가끔 복잡한 사회적 관계로부터 이탈해 자신의 내면세계에 집중하는 시간이 필요하고, 이 시간에 불균형을 악화하는 가치를 재조정함으로써 신체와 뇌의 균형을 되찾아 유지하게 된다.

이렇듯 신체 상태가 뇌의 예측 상태와 달라 예측 오류 때문에 발생하는 감정은 위기가 아니라 기회일 수 있다. 우리가 감정을 경험하는 순간은 바로 내 미래의 뇌가 오늘의 뇌와 어떻게 달라질지 결정할 절호의 기회다. 감정은 우리에게 보상엔 접근하고 처벌엔 회피하는 단순한 반응을 강요한다. 이로써 뇌를 타인의 칭찬엔 접근하고 비난엔 회피하는, 즉 사회적 규범에 따라 단순히 반응하도록 강화한다. 감정을 느끼는 순간, 그 감정이 반사적으로 유발하는 행동에 이끌리는 대신 오히려 그 감정을 유발한 우리의 내면세계인 신체 신호에 집중해 그 메시지에 귀 기울이면 어떻게 될까? 신체와 환경이 원활하게 소통하도록 뇌를 최적화할 수 있고 내 신체에 더 잘 맞는 새로운 가치를 능동적으로 만들어내는 삶을 살아갈 수 있다.

사회적 현상으로 자리 잡은 '혼밥' 내지 '혼술'은 우리가 시간을 홀로 보내는 빈도가 과거에 비해 증가했음을 알려준다. 이는 타인과의 관계에서 오는 사회적 제약으로 자기 왜곡을 거쳐 신체를 제약하는 정도가 적정선을 넘었음을 보여주는 중요한 지표라 할 수 있다. 하지만 자기 의사와 무관하게 강제적으로 홀로된 시간을 경험하는 경우와 달리, 자발적인 혼자만의 시간은 충분히 새로운 삶의 발판으로 삼을 만하다. 사회 제도와 타인의 시선이라는 보이지 않는 틀을 관조하며 진정한 자기를 되찾아 돌보는 시간, 제도에 능동적으로 대응하고 타인과는 적정 거리에서 건강하게 상호 작용하는 저력을 쌓을 기회로 활용해볼 수 있지 않을까?

효율적인 감정 사용자가 되는 법

뇌와 신체의 소통을 증진하는 방법이라고 하면 명상meditation을 떠올리기 쉽다. 실제로 명상 숙련가와 초심자를 비교한 뇌 영상 연구 결과, 간단한 수학 문제를 푸는 통제 조건에 비해 명상 수행을 하는 조건에서 숙련된 명상 전문가들은 초심자들보다 문내측 전전두피질의 활동이 증가한 것으로 나타났다.[13] 이는 마음이 머무르는 곳을 외부 환경에서 신체 내부로 옮기는 문내측 전전두피질의 기능이 명상 수행과도 깊이 관련된다고 시사해주는 증거다. 그렇지만 명상이 단순히 외부 감각 정보를 차단하거나 둔감해지는 것을 의미하지는 않는다. 오히려 그 반대일 가능성이 높다. 이를 뒷받침해주는 연구 결과에 따르면, 고도로 숙련된 명상 전문가는 먼저 제시된 자극에 집중하느라 나중에 제시되는 중요 자극을 탐지하는 데 실패하는 경향성이 일반인보다 현저히 낮았다.[14]

어쩌면 명상은 단순히 외부 환경을 차단하고 신체 내부에만 주의를 기울이도록 한다기보다는 지나치게 외부 환경에 편향된 심리적 자원을 좀 더 효율적으로 분배하는 데 도움을 주는 행위일지도 모른다. 기타 줄은 힘없이 늘어져 있을 때보다 팽팽하게 당겨 있을 때 미세한 손놀림도 놓치지 않고 섬세한 소리로 반응한다. 특정한 외부 환경 자극에 지나치게 몰입하는 상태가 장기간 지속되면서 균형점을 잃어버린 상태를 늘어진 기타 줄에 비유한다면, 명상은 기타 줄을 다시 팽팽하게 당기는 작업에 해당한다. 명상을 통해 뇌는 외부 환경에도 더 민감하게 반응하게 된다. 하지만 모든 외부 환경 자극에 무작정 민감하게 반응하는 것이 아니라 신체 항상성 유지에 필요한 외부 자극만 정확히 선별해서 반응하도록 뇌 상태가 변화할 것이다.

사실 뇌는 인간이라는 유기체에서 가장 많은 에너지를 사용하는 기관인데, 이런 뇌가 가장 많은 에너지를 쓰는 기능은 바로 신호 전달이다. 특히 신호 전달에 필수적인 휴지기 동안 신경세포막 안팎의 전위차를 되돌리고 유지하는 데 많은 에너지를 할애한다.[15] 다시 말해서 어떤 신경세포가 다른 신경세포로 신호를 전달하기 위해 활동 전위를 만들어내면 세포막 전위의 균형 상태가 깨지게 되는데, 이를 다시 균형 상태로 되돌리기 위해 에너지의 상당량을 소모한다는 뜻이다. 이처럼 휴지기 동안 전위를 일정한 상태로 되돌리는 일은 다음에 전달받을 신호를 정확히 감지하고 새로운 활동 전위를 만들기 위해 필수적이다. 이러한 균형 상태를 유지하는 일은 잔잔한 수면에 먼지만 떨어져도 파문이 일듯이 모든 감각을 극도의 민감 상태로 유지하기 위해 우리 뇌가 취하는 중요 전략이다. 이렇게 균형점을 찾은 상태는 특정한 외부 자극에 민감하게 반응하되 그 자극에 지나치게 몰입하지는 않도록 해준다.

실제로 명상 전문가는 고통을 주는 자극에 노출될 때 비전문가에 비해서 지각하는 고통 강도는 차이가 없으며, 고통으로 불쾌를 느끼는 정도는 현저히 낮은 반면, 고통에 반응하는 뇌 활동은 현저히 높은 것으로 밝혀졌다.[16] 감정을 유발하는 중요한 사건이 발생했을 때 자기 감정을 잘 조절할 수 있는 사람은 정말 필요한 반응만 남겨놓고 나머지 불필요한 반응은 잘 억제하는 사람이다. 이런 감정 반응은 우리 뇌가 효율적으로 신체 에너지를 분배하고 활용할 때라야 가능하다. 이처럼 감정 조절 능력이 뛰어난 사람은 자원을 필요한 곳에만 배분하고 집중해서 쓸 수 있기에, 이 자원이 필요한 상황에서는 일반인보다 더 강한 반응을 보이지만 그렇지 않은 상황에서는 전혀 반응하지 않는다. 바로 효율적인 감정 사용자가 되는 것이다.

예를 들어, 난폭 운전을 하는 운전자를 길에서 마주쳤을 때 충동적으로 분노에 휩싸여 그 운전자를 따라가 욕을 하거나 난폭 운전으로 되갚아주는 행위는 적절한 감정 대응 방식으로 볼 수 없다. 그 운전자가 나에게 해를 입히지 않도록 주의 깊게 관찰하고 이 운전자가 다른 사고를 일으키지 않도록 신속히 경찰에 신고하는 감정 대응 방식이 훨씬 더 효율적이다.

그렇다면 결국 명상이 모든 심리적 문제에 해답이라고 말할 수 있을까? 명상은 이처럼 감정을 효율적으로 사용하는 데 유용하지만 문제점도 있다. 가장 큰 장벽은 수련 방법 자체가 쉽지 않다는 점이다. 명상 수련의 경험이 전혀 없는 일반인에게 신체 내부 신호를 인식해

보도록 지시한다면 대부분 무슨 말인지조차 알아듣기 힘들어할 것이다. 우리 뇌가 신체 내부 신호보다는 외부 환경 신호를 감지하고 해석하도록 설계되어 발달했기 때문이다. 어쩌면 우리의 의식 자체가 바로 이처럼 외부 환경을 활용해가는 과정에서 생겨났고, 신체 상태를 모니터링하는 기능은 대부분 무의식을 통해 이루어지기 때문일지도 모른다. 그렇다면 뇌와 신체의 원활한 소통을 회복하기 위해 명상보다 현실적인 대안은 없을까?

세상에 똑같은 감정은 없다

앞에서 감정이란 뇌와 신체 간의 소통 장애라고 설명했다. 이 말을 음미해보면, 감정을 인식하려고 노력한다는 것은 결국 신체 신호를 읽을 기회를 얻고자 노력하는 것과 별반 다르지 않다는 뜻이다. 우리 신체가 항상성을 유지한 상태에서는 신체 신호를 읽기가 쉽지 않으며, 어쩌면 이런 상태는 굳이 신체 신호를 읽을 필요가 없는 상태일지도 모른다. 정작 중요한 것은 바로 뇌가 신체 신호를 예측하지 못한 상태, 둘 간의 불협화음이 발생한 상태를 감지하는 것이다. 바로 이때가 신체 신호를 읽기 가장 쉬운 시점이고, 신체 신호를 읽을 필요 또한 가장 큰 시점이라 할 수 있다.

감정을 인식하는 것이 왜 그토록 중요할까? 감정을 인식한다는 것은 과연 어떤 의미인가? 불과 몇 년 전까지만 해도 심리학에서는 인간에게 몇 가지 기본 감정이 존재한다는 사실을 당연히 여겼다. 행복감, 공포, 슬픔, 역겨움, 분노, 놀라움 등이 기본 감정에 해당한다. 기본 감정은 문화권 전반에 걸쳐 대부분의 사람이 공통적으로 지니고, 감정별로 독특한 얼굴 표정과 신체 반응이 존재한다고 믿었다. 심지어 감정별로 일대일 대응하는 뇌 부위가 존재한다고 믿었으며 이를 뒷받침하는 증거를 많이 발견하기도 했다.

그중 가장 대표적인 예가 인간의 공포와 편도체의 기능을 연결하는 주장, 그리고 이를 지지하는 많은 증거다. 실제로 편도체가 손상된 환자는 유독 공포의 감정을 경험하기 어려워하고 타인의 얼굴에 표정으로 나타난 공포의 감정을 인식하는 것도 어려워했다.[17] 그런데 최근 들어 편도체의 다른 기능이 여럿 밝혀지면서 특정 감정에만 관여하는 신경 회로가 존재한다는 가설은 점차 힘을 잃었다. 나아가 기본 감정이라는 것이 과연 존재하는지 근본적으로 의심해보는 단계에 이르렀다.

나의 수치심과 너의 수치심은 다르다

비교적 최근의 감정 관련 이론은 기본 감정 자체를 부정한다. 그리고 감정이란 개인이 타고난 신체, 그리고 신체와 환경의 상호 작용이 만들어낸 산물이라고 주장한다.[18] 따라서 타고난 신체와 살아온 환경이 천차만별인 모든 사람은 각자 자신만의 고유한 감정을 가질 수밖에 없다.

예를 들어, 예측하지 못한 신체 상태가 발생하여 '수치심'으로 명명할 만한 감정을 경험한다고 해보자. 내가 난생처음 수치심이란 말로 표현할 만한 감정을 겪을 때의 신체 상태는 내 친구가 난생처음 수치심이란 말로 표현할 만한 감정을 겪을 때의 신체 상태와 엄연히 다르다. 따라서 친구와 내가 서로 대화하다가 "수치심"을 말할 때 똑같은 낱말에 담긴 감정 경험도 일치하지 않을뿐더러 경험을 일으킨 신체 상태도 각자 다를 수밖에 없다. 바로 여기서 근본적인 감정 소통 장애가 발생한다. 내가 친구에게 "넌 뭘 그 정도로 수치심을 느끼니?" 할 때, 친구 입장에서는 "그 정도"나 "수치심"이나 자기를 잘 알지도 못하면서 하는 말로 느껴질 것이다. 친구의 경험 속에서 '수치심'으로 표현했을 법한 감정을 이해하기 위해 내가 경험한 내 감정을 재료 삼아 시뮬레이션한 결과일 뿐이니, 당연히 친구의 실제 감정과 다르고 "그 정도"와 "수치심"으로 쉽게 단정할 수도 없다.

그렇다면 우리 뇌는 어떻게 감정을 만들어내는 것일까? 앞부분에서 신체소유감이라는 주관적 경험은 신체의 생리적 상태 변화를 일으킨 내부적·외부적 원인을 찾는 우리 뇌의 적극적 추론에 의해 결정된다고 말한 바 있다. 그리고 이를 설명하는 이론이 능동적 추론 이론이라고 했다. 이 이론은 인간의 감정을 설명하는 데에도 유용하다.

능동적 추론 이론에 의하면, 우리가 감정을 경험하는 이유는 신체 상태를 알리는 신호와 신체 상태에 대한 뇌의 예측이 불일치했기 때문이다. 다시 말해 신체 상태를 뇌가 예측하는 데에 실패했다는 것인데, 이런 경우는 신체 항상성의 불균형이 이미 발생했거나 앞으로 발생할 상태일 확률이 높다. 따라서 '감정'이란 신체 항상성 불균형이 발생한 이유를 뇌가 현재 갖고 있는 예측 모형으로는 설명할 길이 없어 불균형 해소 불가의 메시지를 보내고 지원을 요청하는 신호다.[19] 예를 들어, 내가 거짓말한 뒤에 죄책감을 느끼는 이유는 거짓말이라는 행동이 발각될 경우 타인의 미움이나 비난을 받을지도 모르고 결국 내가 속한 공동체에서 지지를 못 받으면 나의 생존이 곤란해질지도 모른다고 감지했기 때문이다. 아직 발생하지 않은 먼 미래의 신체 상태지만 우리 뇌는 이처럼 미래에 예상되는 신체 항상성 불균형을 사전에 예측하고 예방하고자 하는데, 그 결과로 나타나는 행동은 자신의 거짓말에 대한 정당한 이유를 찾는 일이 될 것이다.

감정은 예측 오류를 줄이기 위한 뇌의 분투

뇌섬엽이 수집하는 항상성 불균형 알림 신호가 감정을 구성하는 중요한 재료가 될 수 있다고 주장하는 이론이 최근에 주목받기 시작했다.[20] 이 이론에 따르면, 우리 뇌는 뇌섬엽과 신체의 긴밀한 소통을 통해 내부 감각 신호를 매 순간 받아들임으로써 신체 상태가 예측 범위에서 벗어났는지 끊임없이 모니터링하며, 이를 통해 신체 항상성 유지라는 최종 목표를 달성하고자 한다. 신체 항상성이 깨지면 이로 인한 신체 변화를 알리는 신호가 뇌섬엽으로 전달되고, 신호를 받은 뇌섬엽은 이 상태를 감정으로 해석한다는 것이다. 이러한 관점에서 볼 때, 감정이란 신체의 항상성이 깨졌음을 감지한 뇌의 반응, 또는 신체의 항상성 회복을 위해 특정 행동을 촉발하는 뇌의 신호나 다름없다. 예를 들어, 누군가의 비난에 괴로움의 감정을 느끼는 이유는 이러한 비난이 장차 초래할 신체 항상성 불균형(사회 격리로 인한 생존의 위협)을 사전에 예측하고 예방하기 위한 행동(타인의 신뢰와 호감을 회복하기 위한 사회적 행동)을 뇌가 촉구하기 때문이다.

실제로 신체 내부 감각 신호와 감정 간의 관련성을 보여주는 직접적인 증거들이 있다. 한 연구에서는 자신의 심장 박동수에 주의를 기울일 때와 자신의 감정을 평가하고 설명할 때 공통적으로 뇌섬엽이 반응하는 것으로 밝혀졌다.[21] 또 명상 수련 같은 방법으로 심장 박동수 인식 능력을 향상시키면 자신의 감정을 정확히 묘사하는 능력도 함께 향상되는 것으로 나타났다.[22] 이러한 결과는 내부 감각 신호의 인식과 감정이 밀접하다는 것을 보여주며, 내부 감각 신호에 민감해지면 감정 인식 또한 예민해질 수 있음을 시사한다.

감정의 가장 핵심적 요소인 뇌와 신체 간 예측 오류는 어떻게 만들어질까? 장소는 당연히 신체 신호와 신체 신호를 예측하는 신호가 만나는 곳일 것이다. 신체 신호를 통합하고 문내측 전전두피질과의 강한 연결성으로 예측 신호 또한 수집하는 뇌섬엽이야말로 예측 오류를 계산하기에 최적의 장소다.[23] 뇌섬엽과 문내측 전전두피질의 긴밀한 소통은 신체 상태에 대한 예측과 예측 오류가 쉴 새 없이 발생하는 긴박한 현장이다. 실연의 슬픔을 가누지 못하는 친구에게 적절한 위로의 말을 건네려 고민하는 단 몇 초의 순간, 내가 건네는 말에 친구가 보일 반응을 예상하고 예상되는 반응에 대한 나의 신체 반응을 시뮬레이션해보는 과정, 이런 식의 예상과 시뮬레이션을 수차례 거듭한 끝에 친구로부터 최적의 반응을 끌어낼 나만의 최적의 말을 찾을 때까지. 나의 뇌 속에서는 뇌섬엽과 문내측 전전두피질 간에 수많은 정보가 오간다.

뇌는 언제나 환경에 따른 신체 상태의 변화를 끊임없이 예측한다. 이 과정에서 예측한 상태와 실제 상태 간에 불일치를 감지하면 예측 오류를 줄이기 위해 노력할 것이다. 먼저 주변 환경이나 신체 상태를 잘못 감지한 것은 아닌지 한 번 더 정확하게 측정해볼 테고, 측정에는 문제가 없다면 예측을 수정해볼 것이다. 이 모든 시도를 통해 뇌가 궁극적으로 추구하는 목표는 예측 오류를 최소화하는 것이다. 환경과 신체 상태가 끊임없이 변하는 한 뇌도 끊임없이 예측 오류를 감지하고 해결해야 한다. 그러나 시간이 지남에 따라 유연성이 약해져 예측은 환경과 신체 상태의 변화를 무시하게 되고, 따라서 예측 오류를 경험하기는 점점 어려워진다. 이것이 '나'라는 이름의 자기감을 빚어내고 공고히 다지며 유지해 나가는 '뇌'의 일생이다.

감정의 쓸모, 범주화가 필요한 이유

신체 상태는 끊임없이 변하고, 신체의 기관이 각자의 항상성 조절을 위해 뇌로 보내는 신호가 만들어낼 수 있는 조합의 가짓수는 거의 무한대다. 일단 위장·신장·심장 세 기관만 놓고 보면, 항상성 불균형 신호가 각자 온on과 오프off로 두 가지만 있다 쳐도 이미 2의 세제곱으로 총 8개의 신호 조합이 나온다. 신체 기관의 개수가 늘고 각각의 기관이 보내는 신호의 크기도 다양해지면 신호 조합은 어마어마하다. 더욱이 신체 내부 감각 신호뿐 아니라 외부 환경에서 오는 신호도 고려해야 한다. 특정 상태의 신체 항상성 불균형을 해소하는 데 활용할 수 있는 외부 환경 또한 끊임없이 변하기 때문이다. 이를 종합해 추론해보면, 엄밀히 말해 우리는 정확하게 동일한 '감정'을 두 번 이상 겪는 일이 거의 없다고 보아도 무방하다.

뇌는 매 순간 신체 신호와 외부 환경이라는 제약 조건을 모두 고려하여 최적의 반응을 선택하는 복잡한 정보 처리를 수행해야 한다. 그러나 제한된 용량 때문에 수없이 많은 신체 신호에 모두 부응하는 조치를 취하는 것은 불가능에 가깝다. 이에 대한 해결책으로 뇌는 새로운 방식을 고안해냈다. 바로 신체 상태와 외부 환경의 조합들을 비슷한 것끼리 하나로 묶어 일정한 개수의 범주로 분류해 처리하는 것이다. 이러한 범주화를 통해 우리가 의식적으로 경험하는 분노 혹은 행복감 같은 감정이 생겨난다. 감정의 범주화는 정보 처리의 효율성을 획기적으로 높여주기는 하지만 새로운 문제를 야기한다. 신체 상태의 미묘한 차이를 제한된 범주로 분류해내는 일이 매우 어렵다는 점이다.

공감, 직관과 분석 사이

감정의 정확한 범주화를 방해하는 요인으로 중요하게 여기는 것이 바로 직관적 사고 경향성이다. 이는 겉으로 드러난 결과에만 의존하는 것을 말한다.

여기서 잠깐 퀴즈를 풀어보자. 다음에 제시한 세 가지 행동 중에서 나머지와 다른 하나는 무엇일까?

a. 학교 폭력 피해자를 보고 과거에 내가 경험한 유사한 고통이 생생하게 살아나 그 사람을 위로하고 돕는 행동

b. 학교 폭력 피해자를 보고 피해자를 돕는 내 모습이 타인에게 긍정적 인상을 심어주는 데 도움이 되리라 판단하여 그 사람을 돕는 행동

c. 자신의 능력을 부풀려 자랑하는 타인을 보고 과거에 내가 잘난 척했던 경험이 떠올라 그 사람을 비꼬고 험담하는 행동

대부분의 사람들은 정답으로 c를 선택할 것이다. 왜 그럴까? a와 b는 동기 차이가 있긴 해도 타인을 돕는 이타적 행동이긴 마찬가지여서 비슷한 심리 상태로 묶을 수 있다. 그렇지만 c는 누군가를 돕는 행동과는 거리가 먼, 아니 정반대로 볼 수 있는 사회적으로 바람직하지 않은 행동이다. 따라서 셋을 단순히 겉으로 드러난 행동만으로 분류한다면 c가 정답이다.

그럼 이번에는 세 경우를 다른 기준으로 한번 분류해보자. a와 c는 자신의 과거 경험을 재료로 사용하여 타인의 감정을 재구성한 뒤 그 결과물을 타인에게 투사하는 심리적 과정을 거쳐 만들어진 직관적 행동으로 볼 수 있다. 이처럼 자신의 감정 경험으로 만든 자기중심적 감정을 타인에게 투사하는 과정을 '공감'이라 부른다. 공감이라고 하면 타인의 고통을 자신의 고통처럼 느끼는 긍정적 상황만 떠올리기 쉬운데, 과거 경험을 토대로 타인의 질투심이나 공명심 같은 부정적 감정을 직관적으로 빠르게 재구성하여 알아차리는 것 또한 공감이라 볼 수 있다. 반면에 b는 직관적 공감에서 기인한 행동이라기보다는 여러 상황적 단서를 활용하여 미래의 보상을 극대화하고자 정교

한 추리로 만든 분석적·전략적 행동이라 볼 수 있다. 따라서 과거 경험에 기반한 직관적 시뮬레이션의 결과물로 나타난 행동인지, 미래의 보상을 기대하며 나타난 분석적 · 전략적 행동인지를 기준으로 분류한다면 나머지와 다른 하나는 c가 아니라 b이다.

우리는 행위자의 내면에 숨겨진 심리적 메커니즘을 직접 관찰할 수 없다. 따라서 겉으로 드러난 행동만으로 행위자의 의도와 동기를 분류하는 것이 좀 더 직관적인 분류 방법이다. 이는 대부분의 사람이 발달 과정에서 가장 일찍 습득하는 감정 분류 방식일 것이다. 이런 이유로 타인을 돕는 긍정적 행동인 a와 b를 한 범주로 묶고 타인에게 해를 가하는 부정적 행동인 c를 다른 범주로 구분하는 것이다. 그 행위자가 타인이 아니라 자신일 경우 난이도 면에서 상대적으로 쉽겠지만 기저의 메커니즘을 정확히 파악하기란 여전히 녹록지 않을 것이며, 오랜 기간 습득한 직관을 거스르는 훈련과 노력을 많이 해야 할 것이다.

타인에게 인정받고 싶은 욕구는 사회적 관계 속에서 다양한 방식으로 충족할 수 있으며, 그중 하나가 타인을 돕는 이타적 행동이다. 물론 이타적 행동은 인정 욕구뿐 아니라 내 경험을 재료로 타인의 고통을 재구성하여 만든 공감에 의해서도 만들 수 있다. 그러나 다른 사회적 행동과 뚜렷하게 구별되는 이타성 고유의 발생학적 특성은 어쩌면 존재하지 않을지도 모른다. 이런 관점에서 볼 때 이타성을 다른 사회적 행동과 구별하여 따로 분류하는 것은 겉으로 드러난 결과를 토대로 한 직관에 의존하는 부정확한 범주화의 오류가 아닐까 싶다.

신체 항상성 유지를 위한 생물학적 메커니즘을 토대로 감정과 욕구의 발생을 이해하고 분류하는 것은 단지 외형상의 유사점 혹은 차이점을 기준으로 직관에 의존한 범주화가 초래하는 문제점을 바로잡고 더 체계적이며 정교한 범주화 방법을 찾는 데 중요한 실마리가 된다.

잘못 분류된 감정의 비극

감정의 범주화가 초래하는 문제점을 일상적인 예로 살펴보기로 한다. 어느 직장에서 한 상사가 여러 동료 앞에서 한 부하 직원에게 외모를 비하하고 조롱하는 농담을 던졌다고 해보자. 직원이 이 상황을 '수치심'이라는 감정으로 분류할 경우 직원의 자존감은 점점 더 위축되고 심각한 자기비하나 우울증으로 이어질지도 모른다. 이 상태는 타인의 비난에 지나치게 몰입하여 불균형이 악화한 알로스테시스 과부하로 볼 수 있다.

그런데 직원이 동일한 상황을 '분노감'이라는 감정으로 분류하여 상사의 무례함을 지적하고 항의할 경우, 신체가 알린 불균형의 원인을 정확히 파악하여 제거하는 데 더 적절한 선택일 것이다. 다행히 상사의 진심 어린 사과가 이어지면 불균형이 해소될 텐데, 문제는 직원의 정당한 분노와 요구가 받아들여지지 않을 가능성이 매우 높다는 점이다.

그럼 상사의 입장을 한번 들여다보자. 상사는 자신이 그냥 가볍게 던진 농담에 부하 직원이 화를 내며 거세게 항의한다고 여기며, 직원이 다른 구성원 앞에서 자신을 무시하고 권위에 도전했다는 상황 판단하에 자기 감정을 '분노감'으로 분류할지도 모른다. 그 결과 자신의 자존감을 건드린 직원에게 지나치게 예민하고 사회성이 떨어진다며 오히려 강하게 비난하는 한편 자신의 분노를 정당화하려고 직원의 평소 근무 태도를 트집 잡아 공격할 수도 있다. 이 사태가 급진하면 상사는 분노 조절 장애로 볼 만한 심각한 알로스테시스 과부하에 빠질지도 모른다.

반면에 상사가 직원의 항의를 받고는 자기 언행의 부적절성을 깨달으며 이 상황을 '수치심'으로 분류해 끝내 직원에게 사과할 수도 있다. 이 경우 불균형의 원인을 정확히 파악해 해소하는 것은 물론 직원과의 갈등도 원만히 해결할 수 있다.

이와 같이 동일한 상황에서도 직원과 상사의 감정 경험이 다르고 그에 따라 감정 분류 역시 다르며, 각자의 입장 안에서도 상황을 어떻게 판단하느냐에 따라 감정 분류를 달리한다. 부하 직원의 경우는 분노감이, 상사의 경우는 수치심이 불균형을 회복하기에 더 적절한 감정일 수 있다. 그런데 자신의 감정을 자칫 잘못 분류하여 불균형을 정확히 해소해주지 못하면 급기야 서로를 악마화하며 조직문화의 파행을 야기하는 결과로 이어질 위험이 있다. 이는 곧 각자의 불균형 해소에도 심각한 지장을 초래한다. 이처럼 적절하게 감정을 분류한다는 것은 신체가 알린 불균형의 원인을 정확히 파악하고 그에 부합하도록 해소하기 위한 첫 번째 단계이며, 자신의 불균형 해소뿐 아니라 사회적 관계의 지속에도 선행되어야 할 요건이다.

분노감이나 수치심은 모두 타인과 갈등을 겪을 때 갈등이 미래에 초래할 신체 항상성의 위기를 예측한 뇌가 이를 방지하고 안정적인 사회적 관계를 회복하는 데 조치가 필요함을 알리는 일종의 긴급 신호라고 말할 수 있다. 분노감이나 수치심은 둘 다 부정적 감정이지만 방향 면에서는 정반대로 볼 수 있다. 수치심은 자신에게로, 분노감은 타인에게로 향하기 때문이다. 두 감정은 적절하게 분류하면 불균형을 해소할 수 있지만 부적절하게 분류하면 도리어 불균형을 심화할 수 있다.

감정을 유발한 원인이 자신의 내부에 있는데 외부로 원인을 돌리려 하거나, 반대로 원인이 외부에 있는데 내부에서 찾아 바꾸려 할 때 불균형은 해소되지 못하고 악화할 소지가 있다. 아울러 이런 식을 반복하여 습관으로 굳어지면 불균형이 만성화할 우려가 있다. 뇌 역시 이러한 불균형 상태를 새로운 기준점으로 삼아 신체를 무리하게 적응시키려 할 수도 있다. 만성적 스트레스가 해소되지 않고 장기간 지속할 경우, 면역 체계의 이상이 생기는 등 새로운 신체 질환이 발생하는 사례가 바로 여기에 해당한다. 감정의 정확한 범주화는 정신 건강뿐 아니라 신체 건강을 유지하는 데 매우 중요한 과정이다.

나쁜 감정과 서툰 감정의 뇌과학

지금까지 심리학과 뇌과학은 인간을 이해하는 데 많은 기여를 했다. 그런데 유달리 감정에 대한 해석은 과학보다 주로 인문학과 예술 영역에서 중점적으로 다룬다. 감정에 관한 뇌과학적 연구는 사실 지금껏 다른 분야에서 밝힌 실용적 지침들과 전혀 다른 지침을 새로 제시하지는 않는다. 다만 그러한 실용적 지침의 과학적 근거를 객관적으로 더 명확하게 제시한다는 점에서 차별점이 있다.

예를 들어, 세상에 나쁜 감정은 없고 서툰 감정이 있을 뿐이라고 주장하는 감정 조절 관련 자기계발서가 있다. 이 말은 자기혐오 같은 감정으로 괴로워하는 많은 이에게 그 감정을 부정하기보다는 직시하도록 하는 조언으로 볼 수 있다. 하지만 이 말은 모호해서 듣는 사람에 따라 다르게 해석할 소지가 다분하다. 뇌과학은 이런 주장에 과학적 이해를 보태어 모호성을 줄여준다.

감정은 긍정적이건 부정적이건 간에 불균형이 발생했음을 알려주고 그 원인을 정확히 파악하여 적절한 해소법을 찾도록 알려주는 신호라는 점에서는 매한가지다. 하지만 불균형 해소는 좋은 방식과 나쁜 방식이 있다고 볼 수 있다. 불균형의 원인을 파악하기 전에 정확하지 않지만 익숙한 대응으로 불균형을 일단 해소하는 방식이 있고, 시간이 걸려도 일단 원인부터 파악한 후 그에 따라 불균형을 해소하는 방식이 있다. 앞에서 예로 든 자기계발서의 주장을 뇌과학적으로 해석하면 다음과 같이 말할 수 있다. 세상에 나쁜 감정은 없다. 다만 나쁜 감정 해소 방식이 있을 뿐이다.

사회적 관계에서 발생하는 크고 작은 갈등의 기저에는 공통적인 감정이 숨어 있다. 바로 인정 욕구다. 어쩌면 인간이 자기 아닌 다른 누군가와 관계를 맺고 싶어지는 욕구 그 자체가 인정 욕구로부터 비롯한다고 해도 과언이 아니다. 세상에 나쁜 감정이란 없듯이 인정 욕구 또한 나쁘지 않다. 나에게 이롭지 않은 나쁜 해소 방식이 있을 뿐이다.

나쁘다고 규정한 감정은 다시 겪고 싶지 않아서 무의식에 숨겨버리고 싶어진다. 하지만 모든 감정은 생겨난 원인이 분명히 존재해서 원인을 찾아 해소하지 않으면 그 감정을 딛고 한 단계 성장할 기회를 잃게 마련이다. 인정 욕구를 느끼는 순간 제대로 알아차리는 것이 중요하다. 인정 욕구를 알아차려야 정확히 파악하여 더 이로운 욕구 충족 방식을 찾을 수 있다. 이처럼 감정을 경험할 때 그 원인을 파악하려는 노력은 처음에는 어렵지만 훈련을 통해 점차 향상될 수 있다.

자기 감정 인식을 위한 훈련은 평생 동안 필요하다. 안타깝게도, 나이 들수록 필요성이 점점 커지는 훈련이자 점점 어려워지는 훈련이다. 모든 훈련이 그렇듯이 일찍 시작할수록 나이 들어 덜 어렵게 효과를 거두며 지속할 수 있다. 자기 감정 인식 훈련을 통해 내가 얻는 성과는 바로 감정 리스트의 확장이다. 감정 리스트는 신체와 뇌 간의 소통 장애가 발생할 때 해소할 수 있는 일종의 매뉴얼이다. 감정 리스트가 확장하고 풍부해진다는 것은 뇌와 신체 간에 벌어지는 다양한 소통 장애에 대응할 정교한 매뉴얼을 갖춘다는 말이다.

모멸감에 대하여

몇 해 전 안타까운 소식을 뉴스로 접했다. 평소 건강하던 중년 여성이 어느 갑질 고객과의 전화 통화 후 뇌출혈로 사망했다는 내용이었다. 너무나도 비극적이어서 잠시 먹먹했는데, 한편으로 자존감과 신체 건강의 관련성을 의심하던 사람들에게 강력한 증거를 제시하며 경각심을 일으킨 사건이 아닐까 싶었다. 극단적 사례 하나로 섣불리 일반화하는 것은 위험하겠지만, 예기치 못한 급성 자존감 불균형은 신체 항상성에 심각한 위협을 가하며 곧 사망으로 치달을 만큼 치명적일 수 있다.

누구나 살다 보면 자기중심적인 타인이 입힌 상처에 괴로워하게 마련이다. 그렇다면 나에게 상처를 주는 자기중심적 타인에게서 되도록 스트레스를 받지 않으려면 어떻게 소통하는 편이 나을까? 여기서 주목할 점이 스트레스를 받는 사람은 나에게 상처를 준 타인이 아닌 나 자신임을 명확히 인식하는 것이다. 다시 말해, 스트레스 상황에서 벗어날 방법을 찾으려면 감정을 경험하는 당사자가 상대방이 아닌 바로 나 자신이라는 사실을 언제나 염두에 두어야 한다.

내가 느낀 감정의 종류와 원인을 정확히 파악하고 이를 해소할 최적의 방법을 찾는 것은 무엇보다도 시급하고 중요한 일이다. 내가 자기중심적으로 행동하는 타인 때문에 고통받을 때 스스로 안전과 건강을 지키기 위해 알아야 할 중요한 사실은, 내가 느끼는 스트레스나 모멸감은 나 자신에게도 책임이 있다는 점이다. 사실 자기중심적으로 행동하는 타인이 나와 전혀 관련 없는 사람이라면 그렇게까지 고통스럽지 않을 것이다. 대체로 그 타인이 나에게 중요한 사람이기 때문에 그만큼 괴로워할 가능성이 높다. 가족, 친구, 직장 동료 혹은 상사 등 오래도록 나와 긴밀하게 연결되어 있고 생존에 큰 영향을 미치는 사람들은 모두 중요한 타인들이다. 어떤 타인과의 관계가 나의 생존에 중요하다는 것은 그 관계가 대등하지 않다는 것을 의미하며 이 관계에 지나치게 매몰될 경우, 그 타인의 사소한 말과 행동도 나에게 큰 영향을 미칠 수밖에 없다.

쉽지 않더라도 중요한 타인으로부터 상처받고 분노할 때마다 자문해볼 필요가 있다. 혹시 그 사람의 말, 행동, 혹은 존재 자체가 나의 자존감을 위협하는가? 나는 왜 상처받으면서까지 그 사람과의 관계를 지속하려 하는가? 그 사람과의 관계는 나의 어떤 욕구를 충족해 주는가? 그 욕구를 충족할 대안은 없을까? 차근차근 스스로 물어보고 답해보는 과정을 통해 막다른 골목에서 예상치 못한 돌파구를 찾듯이 해답을 얻게 될 것이다.

상처 입은 나는 피해자고 상처 입힌 타인은 가해자라는 단순한 이분법은 문제 해결의 실마리를 가리고 상황을 악화할 수 있다. 상대방은 기본적으로 악하고 나는 지나치게 착하다는 생각은 대부분 착각이거나 일종의 방어 기제로 볼 수 있다. 내가 괴로운 이유는 '착한 나' 때문이 아니라 자기중심적이고 무례한 상대방 때문이라는 생각은 즉각적으로 위안과 편안을 주기도 한다.

이와 같은 메시지를 건네는 자기계발서나 공감형 힐링 에세이가 인기를 끄는 이유가 분명히 있다. 하지만 나는 착하기 때문에 쉽게 상처받으므로 나에게 상처 주는 자기중심적이며 무례한 사람을 잘 찾아내 미리 피하거나 제대로 대처할 방법을 찾아야 한다는 생각은 어쩌면 가장 심각한 자기방어 행동일지도 모른다. 이런 대처는 나 자신은 전혀 바뀌려 하지 않고 계속해서 외부의 적만 만드는 일종의 자기 의식적 감정 해소 방식이기 때문이다. 나는 전혀 다치거나 변하지 않고 수동적으로 인간관계를 이어갈 수 있는 '꿀팁'만 손쉽게 얻으려는 것은 장기적으로 무익하고 해롭기까지 할 소지가 다분하다. 나도 모르게 나의 정신과 신체를 지배하는 무의식적 방어 기제를 찾아내어 직시하는 것은 대단히 힘겨운 전쟁이다. 이 전쟁을 외면하고 쉬운 길을 찾기에 급급한 태도는 결국 내 삶을 바꾸는 데 전혀 도움이 되지 않는다.

우리 일상에 '사이코패스'라는 키워드가 자리 잡으면서 자기중심적인 사람을 혐오하며 가리키는 말로도 종종 쓴다. 하지만 모든 자기중심적인 사람이 사이코패스일 리는 없다. 어떤 대상에 이름을 붙인다는 것은 대상의 불확실성을 줄이고 대상을 향한 나의 반응을 획일화하고 정형화한다. 다시 말해, 누군가를 사이코패스로 분류하고 그렇게 이름 붙이는 순간 그 사람과 나의 관계는 단절되어 회복할 가능성이 희박해진다. 내가 "사이코패스"로 호명해버린 사람과는 어떠한 대화도 무의미하기 때문이다. 바로 혐오가 탄생하는 순간이다.

인간은 기본적으로 자기중심적이다. 심지어 우리가 고귀한 인간의 본성이라고 믿는 이타성과 공감 역시 자기중심적인 동기로부터 비롯한다.[24] 하지만 나의 자기중심성을 인식하는 순간 역설적으로 나는 자기중심성에서 벗어날 기회를 얻는다. 자기중심성을 알아차리더라도 받아들이기 불편한 것은 당연하다. 그렇다고 내가 알아차린 자기중심성을 거부하며 감추려 하거나 원인을 상대방에게 돌리려 들면 자기중심성에서 벗어나기가 점점 더 어려워진다.

본래 인간의 뇌는 자신보다 타인의 자기중심성만 찾아내서 비난하도록 설계되었다. 기본적으로 자기 인식을 위해 설계되지 않았기 때문이다. 오히려 끊임없이 외부 환경에서 감정의 원인을 찾고 외부 환경이나 타인을 변화시키도록 설계되었다. 이런 의미에서 보면, 자기 내부에서 감정의 원인을 찾아 수정하려는 감정 해소 방식은 뇌가 설계된 방식을 거스르는 가장 높은 차원의 기능이라고 할 수 있다. 하지만 단순히 혼자서 감정을 인식하는 훈련만으로는 정확한 원인을 찾기가 쉽지 않을 것이다.

바로 이것이 인정 욕구에 대한 연구와 교육이 절실한 이유다. 인정 욕구가 다양한 사회적 상황에서 어떤 양상으로 표출되는지에 관한 연구가 활발히 이루어지고 연구 결과에 기반한 교육을 지속적으로 행할 필요가 있다. 감정 인식 능력의 개인차를 결정하는 핵심적인 요인을 찾아내고 이를 강화하는 교육 및 훈련 프로그램을 개발하는 것은 개인이 스스로 자신의 감정을 인식하는 훈련에 필수적이다.

자기 감정 인식의 개인차는 신체 신호 민감도의 개인차와 밀접해 보인다. 신체 항상성의 신호에 민감하다는 것은 결국 생존 문제를 해결하기 위해 일생 동안 학습한 수많은 외적 가치가 나의 생존에 적합한지 점검하고 조정할 기반을 갖추었다는 의미다. 내수용감각 민감도는 개인차가 심하며, 다양한 발달적·상황적 변화에 영향을 받을 수 있다. 단순히 내가 속한 집단으로 나를 규정하려 하지 않고 나 자신을 세상에 유일한 독립적 존재로 받아들이려 하는 사고방식과 태도는 끊임없는 자기 감정 인식을 통해 발달하고 유지할 수 있다.

인정 욕구를 마주할 용기

아마 인정 욕구는 수많은 감정 중에서 가장 인식하기 어렵고 가장 인식하고 싶지 않을 것이다. 이는 사회화가 시작되면 끊임없이 감추도록 교육받고 훈련받기 때문이다.

대부분의 자기계발서가 인정 욕구를 버리고 자신을 사랑하라고 조언하지만, 사실 생존 문제를 해결하기 위해 생겨나 한평생 키운 인정 욕구는 결코 쉽게 무시할 수도, 억누를 수도 없다. 억누르려 들면 나의 의지와 무관하게 튀어나오는 인정 욕구에 실망하고, 자신을 혐오하거나 원인과 분노의 화살을 타인에게 돌리는 결과로 이어질 수 있다. 인정 욕구를 감추고 억누르기보다는 알아차리는 것이 중요하다. 인정 욕구가 어디에서 왔는지, 어떤 요인이 자극했는지 파악해보려는 태도가 도움이 된다.

예를 들어, 타인에게 인색한 누군가를 너무나 싫어하는 나의 모습을 알아채면 내가 타인에게 이기적인 사람으로 인식될까 봐 몹시 불안해한다는 것을 깨달을 수 있다. 또 내가 잘난 척하는 누군가에게 화를 내거나 불편해하는 모습을 스스로 알아채면 과거에 그와 유사한 행동을 했던 자신에게 실망하고 혐오감을 느꼈음을 깨달을 수 있다. 이런 경우 그 당시 내가 왜 잘난 척하고 싶었는지 찬찬히 떠올려 깊이 이해해보면 지금 잘난 척하는 상대방을 향한 부정적 감정이 누그러지기도 한다. 내가 과거에 감정을 어떻게 해소했느냐에 따라 지금 타인의 감정에 반응하는 방식 또한 달라질 수 있기 때문이다.

이처럼 타인을 향하는 나의 강한 감정은 그 이면을 들여다보면 나를 이해할 수 있는 중요한 실마리가 있다. 누군가를 유난히 싫어하는 나를 발견하는 순간, 그 감정의 원인을 따라가다 보면 내가 가장 두려워하는 대상을 발견할지도 모른다. 그리고 감정을 알아차리는 과정에서 그동안 내가 미처 알아차리지 못하는 사이 나의 불균형을 키웠던 감정의 원인을 찾아 해소하고 타인의 감정을 더 깊이 이해할 수 있다.

나의 감정이 반응하는 상황과 대상을 유심히 살피다 보면 나의 가치관과도 조우한다. 내가 살아가면서 무엇을 중요하게 여기고 무엇을 추구하는지 새삼 깨달을 수 있다. 나보다 부유한 사람을 볼 때와 나보다 이지적인 사람을 볼 때 누가 더 부러운지 비교해보자. 이지적인 사람을 더 부러워한다면 나는 지성을 갖추는 삶을 추구하는 사람이라고 알아차릴 필요가 있다. 그렇지 않고 재력을 중요한 가치로 여기는 삶을 산다면 이지적인 사람을 볼 때마다 부러움이라는 감정의 버튼이 쉴 새 없이 눌리는 경험을 할 것이다. 행복한 삶을 지속하기 위해서는 나의 감정 버튼이 눌리는 정확한 지점을 찾아내야 한다.

알로스테시스 과부하 극복하기

알로스테시스 과부하 상태인 자존감 불균형을 해소하는 방법은 바로 알로스테시스 본연의 기능인 예측과 분배를 더 정교하게 작동시키는 것이다.

예를 들어, 내가 학부를 졸업하고 취업 대신 대학원 진학을 선택해 학문의 길을 가고 있다고 하자. 한 달에 한 번씩 만나는 대학 동기 모임에 참석하다 보면, 점점 더 나와 사회적·경제적 지위가 벌어지는 친구들 모습에 위축되는 자신을 발견한다. 이런 경험이 반복되자 나의 자존감은 불균형 상태에 빠지고, 어느새 이유 없이 친구의 말이나 행동이 고깝게 다가온다. 그래서 비꼬거나 험담하거나 사소한 농담에도 정색하며 쏘아붙이는 내 모습을 자주 발견한다. 모임을 다녀오면 한동안 별일도 아닌 일에 가정에서도, 직장에서도 짜증이나 화를 잘 낸다.

이런 나에게 필요한 것은 내 감정에 세심하게 귀를 기울이는 것이다. 일단 나의 행동이 달라진 원인인 감정을 알아채면 감정이 발생하기 전에 예측할 수 있다. 대학 동기 모임이 잡힐 때마다, 혹은 모임에서 친구들과 대화하다가 특정 주제가 언급될 때마다 내게 어떤 감정이 들지 사전에 예상할 수 있다. 감정이 들기 전에 예측할 수 있으면 곧 대비할 수 있다. 결국 대학 동기 모임이 나의 감정적 돌변을 지속적으로 유발한다면 나의 삶에서 모임의 의미를 되새겨보고 계속 참석할지, 어떤 마음가짐과 태도를 취할지 신중하게 점검해볼 필요가 있다. 모임에 참석하려는 의지에는 변함없고 특정한 대화 주제에만 신경이 곤두선다면 그에 대한 나의 감정 반응을 수차례 시뮬레이션하면서 에너지 소모를 최소화할 수 있는 적응 또는 대응 전략을 세울 필요가 있다.

이와 같이 예측을 더 정교하게 작동시키는 과정을 통해 예측 범위를 확장하며 감정의 더 근본적인 원인을 찾아 해소할 방법을 고민해

볼 수 있다. 내가 은연중에 자신을 친구들과 비교하는 과정에서 좌절된 인정 욕구를 발견하고 인정 욕구를 해소할 방법을 상상해본다. 내가 취업을 포기하고 대학원에 진학함으로써 기대한 보상은 무엇인지, 이 보상은 내가 포기한 취업을 통해 기대한 보상보다 나에게 더 이로운 보상인지, 내가 선택한 보상을 얻는 데 나에게 도움이 되는 것은 무엇이고 방해가 되는 것은 무엇인지 등을 머릿속에 떠올려본다.

이와 같은 일련의 사고가 바로 알로스테시스의 분배 기능을 정교하게 작동시키는 과정이다. 나의 인정 욕구를 건강하고 지속 가능한 방식으로 충족하기 위해 나의 제한된 에너지를 가장 효율적으로 사용할 수 있게 적절히 분배하는 것이다. 물론 한 번에 최선의 방식을 찾을 수는 없다. 선택 후에도 끊임없이 그 결과를 점검하고 다시 새로운 선택을 찾아가는 과정은 알로스테시스 기능을 극대화하는 뇌와 신체 간의 지칠 줄 모르는 협업을 통해서만 가능하다.

하늘을 나는 새가 바람 탓으로 날기 어렵다며 투덜댄다. 새는 바람을 만들어내는 공기의 흐름 없이는 아예 공중에 뜰 수조차 없다는 사실을 모른 채 말이다. 인정 욕구는 공기의 흐름 혹은 바람과도 같다. 새의 몸이 하늘 위로 날아오를 수 있도록 떠받쳐주는 원동력이다. 이 공기를 세차게 저어서 속력을 너무 내려 하면 오히려 강한 공기의 저항에 부딪혀 중심을 잃거나, 이 저항에 맞서 버티는 데 너무 많은 에너지를 소모해버릴 수 있다. 공기의 흐름에 몸을 맡긴 채 흐름을 타면 굳이 힘을 많이 들이지 않고도 오랫동안 멀리 비행할 수 있다.

중요한 것은 시시각각으로 변화하는 공기의 흐름을 잘 관찰하고 읽는 능력이다. 공기가 너무 거세면 힘을 빼고 너무 약하면 힘을 들이는 리듬으로 날개를 저어서 비행의 균형점을 찾아 유지할 필요가 있다. 가장 어렵지만 가장 필요한 일은 자신의 인정 욕구를 부정하지도, 무분별하게 표출하지도 않으면서 나를 떠받치는 인정 욕구를 정확히 알아차리고 건강한 방식으로 충족하기 위해 노력을 멈추지 않는 것이다.

메타인지가
나에 관해 말해주는 것

많은 심리학자가 대중에게 어떻게 살아야 할지에 대해 조언한다. 그런데 인간의 감정을 점점 더 뇌과학적으로 이해하면서 감정이란 개개인의 신체 상태에 따라, 처한 환경에 따라 너무나도 다양하게 존재할 수 있다는 것을 알게 된다. 누군가에게 성공적인 감정 해소 방식이 다른 사람에게는 전혀 도움이 되지 않거나 오히려 해가 되기도 한다는 것을 알고 조언의 유효성을 고민한다. 어쩌면 바로 이런 이유 때문에 심리학자들이 공통적으로 자신의 감정을 정확히 인식하려 노력하라고 조언하는 것이 아닐까?

뇌과학이 필요한 순간은 바로 여기서 출발한다. 감정을 정확히 인식한다는 것은 무엇이고 왜 감정 인식은 도움이 되는가? 감정이란 과연 무엇인가? 이런 질문에는 자기 성찰만으로 도저히 답을 얻을 수 없다. 다양한 학문 분야의 전문가들이 수십 년간 축적한 지식을 집대성하여 답변하려 애쓸 때 비로소 희미한 단서라도 얻을 수 있다. 상황이나 개인에 따라 천차만별로 존재할 수 있는 감정 문제에서 자신에게 부합하지 않을 소지가 다분한 획일적 조언보다는 자신의 감정이 어떻게 만들어지는지 뇌과학적으로 정교하게 들여다보는 편이 더 나을 것이다.

자기 감정의 원인을 정확히 이해하는 것이 실제로 행동을 변화시킬까? 이 질문에 만족스러운 답변을 내놓은 연구가 있다. 남녀 참가자를 모집해 세 집단으로 나누고 어려운 수학 문제를 풀게 했다. 첫 번째 집단(문제 해결 조건)에서는 연구자가 참가자에게 이 행동 과제가 인지 과정의 일반적 측면을 측정하기 위한 연구이며 문제 해결 능력을 알아볼 목적이라고 알려주었다. 그 결과 남성과 여성 간의 수행 점수에서 차이가 없었다. 두 번째 집단(수학 시험 조건)에서는 이 연구가 수학 수행 능력의 성별 차이를 알아보기 위한 연구이고 표준화된 수학 시험을 완료할 것을 지시했다. 그 결과 남성이 여성에 비해 훨씬 높은 점수를 보였다. 세 번째 집단(수학 시험 조건 외 추가)에서는 두 번째 집단과 동일하게 지시하되 여성 참가자에 한해 다음과 같은 안내를 덧붙였다. "이 시험을 보는 동안 불안감을 느낀다면, 이 불안은 사회 일반의 부정적 고정관념에 의한 것일 수 있고 실제 시험을 잘 보는 능력과는 무관함을 명심하는 것이 중요하다." 그 결과 남녀 간 수행 점수 차이가 없었다.

이 실험 결과를 살펴보면, 과제를 "수학 수행 능력"이라 지칭하고

"성별 차이를 알아보기 위한" 시험이라고 말했을 때 여성 참가자는 남성 참가자보다 훨씬 저조한 수행 능력을 보였다. 하지만 "문제 해결 능력"을 알아보는 과제로 지칭했을 때나, "수학 수행 능력"이라 지칭한 데 이어 "고정관념에 의한" 불안감을 사전에 설명했을 때는 수행 능력의 남녀 간 차이가 없었다. 두 번째 집단과 세 번째 집단만 놓고 보면 동일한 실험 조건에서 고정관념 안내만 추가했더니 남녀 간 차이가 생겼다가 사라진 셈이다.

이러한 결과는 자기 감정의 원인을 정확히 이해하는 것이 그 감정이 유발하는 편향된 사고나 행동을 막아주고 더 적응적인 선택을 하도록 도와줄 수 있음을 잘 보여준다. 내가 지금 느끼는 불안감이 사실은 내가 가진 고정관념이나 편견에서 기인했음을 단지 인식하는 것만으로도 어쩌면 불안감이 만들어놓은 보이지 않는 감옥에서 탈출할 수 있을지도 모른다.

뇌과학이라는 새로운 언어

언어는 인간이 발명해낸 탁월한 발명품으로 꼽을 수 있지만 필연적으로 한계가 자명하다. 앞서 다룬 '수치심'의 예를 떠올려봐도 그렇다. 친구에게 대수롭지 않게 던진 "넌 뭘 그 정도로 수치심을 느끼니?"라는 말은 나와 친구의 언어에 담긴 내적 경험의 고유성을 간과한 언사로, 자칫 잘못하면 친구에게 말 못 할 상처를 떠안기는 과오로 남을 수 있다. 저마다의 다양한 내적 경험은 일단 동일한 언어로 분류되고 나면 획일성을 강요받는다. 자신의 감정을 인식한다는 것은 이런 언어가 만든 획일성의 틀을 부수고 내적 경험의 고유성을 직시하는 일이다. 감정 인식을 통해 감정을 세분화하는 것은 단순히 감정을 표현하는 어휘력을 풍부하게 하는 차원과는 다르다. 감정의 경험을 맥락과 함께 최대한 구체적으로 문장화하여 표현하는 것이 감정 인식과 세분화에 도움이 된다.

언어의 한계를 극복하는 데 뇌과학이 기여할 수 있을까? 뇌과학은 불안정한 언어로 규정해온 개념들 대신 전혀 새로운 차원의 언어를 제공할 수 있다. 예를 들어 "나는 불공정에 분노한다"라는 표현 대신에 "내 뇌섬엽의 활성화 수준이 과거 10분간 평균 수준에 비해 50% 이상 증가했다"라는 식으로 표현할 때가 조만간 오지 않을까? 어쩌면 이런 문장조차 필요치 않고 서로 다른 뇌끼리 혹은 신체끼리 직접 소통하는 시대가 도래할지도 모른다. 그러면 아마 사람들은 인간성이 말살된 삭막한 시대가 도래했다고 우려의 목소리를 높일 것이다.

한 가지 낙관적인 전망은 바로 인간의 강력한 생존 의지에 기대해 보는 것이다. "Life finds a way." 영화 〈쥬라기 공원〉에서 말콤 박사가 중얼거린 대사다. 아마도 사람들은 언어적 소통이 사라져 인간성이 말살된 미래에 대한 우려, 그리고 주관적이며 불안정한 언어적 해석이 만들어내는 사회적 문제 사이를 신중하게 저울질하다가 결국 인간에게 더 이로운 방향을 찾아내 선택할 것이다.

자기 감정 인식은 자신의 생각을 인식하는 능력을 말하는 메타인지와 다르지 않다. 미처 알아차리기도 전에 폭발하는 감정의 소용돌이를 인지하고 원인을 헤아리는 능력은 난이도가 가장 높은 메타인지 능력이라 할 수 있다.

현재 메타인지 능력을 측정하는 방법으로 흔히 사용하는 것은 선택 확신도confidence 측정이다. 예를 들어, 컴퓨터 모니터에서 무작위 방향성으로 움직이는 많은 점의 일부가 특정 방향으로 움직일 때 이 방향이 기준점에서 왼쪽 혹은 오른쪽으로 기울어져 있는지 답하는 검사가 있다. 동일한 방향으로 움직이는 점들의 비율을 조정해 난이도가 달라질 때, 실험자 스스로 자기 판단에 얼마나 확신하는지 답하는 것이다. 이때 측정한 확신도는 자신의 시각적 경험을 얼마나 인식하고 있는지 반영하는 일종의 '인지에 관한 인지cognition for cognition 능력'으로 볼 수 있으며 메타인지의 전형적 지표로 알려져 있다.[25]

이런 확신도에 따라 신호가 변화하는 뇌 부위를 찾아보니, 자기 참조 기능과 디폴트 모드 네트워크로 알려진 문내측 전전두피질이었다.[26] 전기 자극이나 도파민 투여 등으로 문내측 전전두피질의 활동을 증가시키면 메타인지 능력이 향상되는 결과를 보였다.[27, 28] 이런 증거들은 문내측 전전두피질이 메타인지에 핵심적 기능을 하는 영역임을 잘 보여준다. 그렇다면 문내측 전전두피질의 어떤 기능이 메타인지 능력을 가져올까?

앞에서 내측 전전두피질의 위계적 구조를 소개하면서, 문내측 전전두피질은 바로 아랫부분에 위치한 복내측 전전두피질에 의해 계산되는 직관적 가치들 간에 충돌이 발생할 때 이를 감지하고 추가적인 외부 신호를 고려하여 충돌을 해소할 더 정교한 가치를 찾는 기능을 담당한다고 설명한 바 있다. 이런 문내측 전전두피질의 기능을 더 잘 보여주는 증거가 있다.

인간에게 두 가지 선택 기제가 있다고 가정해보자. 하나는 특정 행동과 보상을 단순히 연결하는 직관적인 선택 기제, 또 하나는 맥락의 변화를 고려하여 추론하는 분석적인 선택 기제다. 직관적인 선택 기제는 익숙한 직관에 의존해서 쉽고 빠르게 선택할 때 유용하고, 분석적인 선택 기제는 더 많은 노력을 들여서 주변의 다양한 단서를 활용하여 정교하게 선택할 때 유용하다. 당연히 맥락에 따라 두 선택 기제를 적절하게 전환switching하며 사용하는 능력이 생존과 적응에 매우 유리하다.

도박 게임과 유사한 과제를 수행하는 동안 뇌 영상 기법으로 두 선택 기제의 전환 활동을 측정해보았다. 그 결과 직관적인 선택 기제에서 분석적인 선택 기제로 전환할 때 특정 뇌 부위의 활동이 증가했는데, 다름 아닌 문내측 전전두피질이었다.[29] 즉, 직관적인 선택 기제를 사용하는 것이 더 이상 보상으로 이어지지 않음을 감지하면 추가적인 외부 정보를 고려하는 더 정교한 선택 기제를 작동시키고, 이때 바로 문내측 전전두피질이 활성화한다는 말이다.

그럼 이제 문내측 전전두피질의 기능을 메타인지와 연결해 해석해보자. 매일 습관처럼 반복하는 선택을 할 때 우리는 메타인지를 사용하지 않는다. 예를 들어, 나는 현관문을 나서서 엘리베이터 버튼을 누르는 순간부터 역사 개찰구에 교통카드를 찍고 지하철을 타기까지의 과정에서 수많은 선택을 한다. 하지만 나는 이 모든 선택을 의식하지 않고 머릿속을 온통 오전 회의 내용으로 가득 메울 수 있다. 그런데 만약 개찰구에 카드를 찍는 순간 사용 불가 카드라는 오류 메시지를 받으면 어떨까? 아마 나는 지갑을 확인해보고 교통카드를 어제 쓰고는 다른 옷에 넣어둔 사실을 기억해낼 것이다. 그리고 이튿날 개찰구에 카드를 찍을 때, 머릿속에 남겨진 전날의 기억은 나의 선택이 정확한지 점검하게 할 것이다.

이는 습관처럼 반복하는 선택에 제동이 걸린 경험으로 인하여 익숙한 직관적 선택 간에 충돌이 발생하고, 이러한 충돌을 미리 방지하기 위해 선택을 좀 더 주의 깊게 모니터링하며 인식하는 인지 과정이 새로 추가된 것이다. 문내측 전전두피질의 활동이 바로 추가된 인지 과정, 즉 메타인지를 반영한다.

인공지능에게 몸을 부여한다는 것

최근 머신러닝과 인공지능 기술이 급속도로 발전하면서 과연 인공지능도 자기 인식 능력을 갖출 수 있을까 하는 대중의 의구심이 커졌다. 자기 인식 능력을 인간의 고유한 능력으로 간주하는 일반인의 이런 의구심은 인공지능에 대한 인식의 변화와도 관련된다.

인공지능도 자기 인식 능력을 갖출 수 있느냐는 것은 인공지능이 어떤 수준의 지능을 갖추게 되느냐에 따라 달라진다고 볼 수 있다. 인간도 자기 인식과 같은 메타인지를 사용하지 않고 수많은 지능적인 과제를 수행할 수 있다. 하지만 새로워진 상황, 직관적·본능적인 가치 계산만으로 의사 결정을 하기 어려운 상황에서는 새로운 가치를 찾는 데 메타인지가 필요하다. 그럼 인공지능에 메타인지를 부여할 수 있을까?

실제로 그 가능성을 가늠해보는 연구들이 진행되고 있으며, 뇌과학에서 발견한 의사 결정의 신경 회로를 인공지능 알고리즘 개발에 적용하려 시도하고 있다. 이 연구들은 앞서 소개한 직관적 선택 기제와 분석적 선택 기제 간의 적절하고도 유연한 전환 기능을 갖춘 인공지능 알고리즘을 개발하는 데 집중하고 있다. 메타통제meta-control로 불리는 이 전환 기능을 갖추려면 직관적인 선택이 유리한지, 분석적인 선택이 유리한지 선택하는 '선택을 위한 선택decision for decision' 과정이 필요하다. 인공지능에 메타인지나 자기 인식 능력을 부여하는 데 필요한 '선택을 위한 선택'은 어떻게 만들어낼 수 있을까?

인공적으로 도파민을 투여함으로써 메타인지 능력을 향상시킬 수 있다는 것을 소개한 바 있다.[30, 31] 도파민을 투여하면 주로 내측 전전두피질에 위치한 억제 뉴런의 활동이 증가한다.[32] 억제 뉴런은 기능적으로 배타적인 신경 집단끼리 서로 억제하는 데 사용될 수 있다. 따라서 억제 뉴런의 활동이 증가한다는 것은 배타적인 신경 집단 간의 경쟁이 더 치열해진다는 의미로 해석할 수 있다. 어쩌면 도파민이 경쟁하는 직관적 가치들 간의 충돌을 촉진하고 경쟁을 부추기는 것인지도 모른다. 이런 해석은 앞에서 직관적 가치들 간의 충돌은 더 정교한 처리를 요하고 이는 메타인지 활성화로 이어진다는 주장과도 일맥상통한다. 즉, 직관들 간의 경쟁을 촉진하면 메타인지는 저절로 활성화한다.

그런데 여기서 더 중요한 질문이 남는다. 이처럼 직관들 간의 경쟁을 촉진하여 메타인지 활성화를 가능케 하는 도파민 분비는 어디에서 비롯할까? 도파민은 아세틸콜린acetylcholine, 노에피네프린Norepinephrine 등과 함께 중추신경계 활동을 조절하는 신경전달물질로, 이들을 통틀어 신경조절체계neuromodulatory system라고 부른다. 신경조절체계에 속하는 신경전달물질은 구체적인 기능 면에서는 다소 차이가 있지만 주로 주의력을 향상시키고 외부 자극에 대한 민감도를 증가시키는 공통적인 기능을 담당한다. 그 밖에 중요한 공통적 기능이 바로 오렉신orexin 뉴런의 신호를 받는 것이다.[33] 오렉신 뉴런은 신체 항상성의 불균형을 알리는 다양한 신호를 통합한다. 이는 신경조절체계를 이루는 신경전달물질이 전반적으로 신체 불균형의 수준이 어느 정도인지에 대한 정보를 받아 뇌로 알리는 기능을 한다는 뜻이다. 직관적 가치들 간의 경쟁을 촉진하여 외부 자극에 대한 민감도를 향상시키는 메타인지 작동의 근본적 요인은 바로 신체 항상성의 불균형을 알리는 신호들인 것이다.

직관들 간의 경쟁을 촉진하여 메타인지 활성화를 가능케 하는 도파민 분비가 어디에서 비롯했는지, 그 연원을 찾아가보니 신체 항상성의 불균형이 있다. 결국 인공지능에 자기 인식 능력을 부여하고 메타인지를 가능케 하는 데 필요한 것은 항상성 유지를 위해 그 지능을 필요로 하는 '신체'라는 말이다.

자기 감정 인식의 어려움에 관하여

감정은 신체가 보내는 일종의 도움 요청 신호이며 이 신호에 답을 가장 잘하는 방법은 바로 그 감정을 유발한 정확한 원인을 찾아 제거하는 것이다. 말이야 간단하지만 결코 쉬운 일이 아니다. 우리 뇌는 감정을 경험할 때 원인을 내부에서 찾아 해소하는 것보다는 외부 환경을 변화시켜 해소하는 방식에 훨씬 더 익숙하며 그렇게 진화하고 발달해왔기 때문이다. 다시 말해서, 자기 감정 인식은 뇌가 자연스럽게 반응하고 발달하는 방향과는 다른, 어쩌면 그 반대 방향으로 맞춰진 심리 과정이기 때문이다.

나의 신체가 항상성 유지를 위해 가장 효율적인 방법을 끊임없이 찾아가는 과정에서 뇌가 발명해낸 인정 욕구는 나의 생존이라는 목적을 위해 삶의 의지를 집중하도록 도와주는 가장 효율적인 전략의 응집체이자, 내 현재 삶에 만족하지 못하고 계속해서 더 나은 상태를 향해 나아가도록 나를 재촉하는 온갖 부정적인 상상의 원동력이기도 하다. 인정 욕구는 나를 둘러싼 타인이 나를 더 좋아하도록 만듦으로써 생존이라는 나의 목적을 달성할 방법을 고안하고 학습하는 데 내가 가진 모든 자원을 집중하도록 설계되어 있다. 자기 감정 인식이란 이처럼 거침없이 직진 본능만을 따르는 인정 욕구가 다른 욕구와 충돌할 때, 충돌 현장에서 한 단계 위로 올라가 더 넓은 시야로 조망하게 해준다.

이런 새로운 관점은 그 충돌의 정확한 원인을 찾아 해소하는 데 유용할 것이다. 자기 감정 인식은 어쩌면 본능을 거스르는 뇌의 특별한 능력일지도 모른다. 이 능력은 소수에게만 허락된 능력일 수 있으며 이들조차 끊임없는 노력과 훈련을 통해서만 얻는, 얻은 뒤에도 잠시만 소홀히 하면 이내 잃어버리는 매우 값진 능력일 것이다. 현대 과학은 이런 자기 감정 인식 능력을 향상할 보편적인 방법을 찾아낼 수 있을까?

8

자존감 불균형을 해소하는 과학적 방법

자존감 회복에도 골든타임이 있다

코로나19 팬데믹은 지구상의 모든 인생을 일순간 송두리째 뒤바꿔 버렸다. 이제 다시는 예전으로 돌아갈 수 없다는 비통함이 팽배했던 팬데믹을 통과하며 저마다 삶의 변화에 적응해갔지만, 팬데믹 여파는 모든 사람에게 동일한 수준의 충격을 주지 않았다. 어떤 이는 삶을 재건하기 어려울 만큼 경제적 치명타를 맞았고, 어떤 이는 지속 가능한 삶을 포기해야 할 만큼 심리적 치명상을 입었다. 치명적인 수준이 아니더라도 여전히 팬데믹 후유증을 겪으며 삶을 지탱하기 힘겨워하고 있다.

개인적으로는 팬데믹을 거쳐오면서 심리학자이자 뇌과학자로 마음의 위기에 대해 그 어느 때보다 골몰했다. 감염병에 초토화된 삶의 자리에서 저마다 어떤 수준의 자존감 불균형을 감당하고 있는지, 또 어떻게 해소하고 있는지 염려하는 가운데, 자존감 불균형 해소를 도울 수 있는 좀 더 과학적인 방법은 없을까 곰곰 생각해보았다.

앞에서 자기 감정 인식이 나의 생존이라는 궁극적 목적의 달성, 그리고 나와 타인 간 관계의 개선에 가장 현실적인 방법이라고 소개했다. 하지만 타인과의 관계에서 막상 내 자존감의 균형이 깨지는 상황이 발생하면 자신의 감정을 인식할 수 있는 사람은 흔치 않다. 대부분 폭주 기관차가 지나가듯이 감정 폭발이 일으킨 반응을 멈추지 못한다. 이런 사태를 또 겪지 않으려면, 상황 종료 후 감정이 모두 가라앉은 다음 그 상황을 다시 떠올리면서 여러 대안을 상상해볼 필요가 있다.

그런데 다음번에도 그와 같은 상황에서 자신의 감정을 인식할 겨를도 없이 자기도 모르게 익숙한 반응이 튀어나왔다면, 또 다다음 번에도 그와 같았다면 매번의 상황과 습관화한 감정 반응 간의 연결 고리는 점점 더 견고해져서, 상황 종료 후 대안을 상상해보는 일은 그 연결 고리를 끊기에 역부족일 것이다. 그렇다면 우리는 무엇을 할 수 있을까?

〈이터널 선샤인〉과 기억 재강화

보는 내내 흠뻑 빠져들었던 영화 중에 〈이터널 선샤인〉이 있다. 누군가의 사랑을 이해하기 위해서는 그 사람의 인생 전체를 이해해야만 하고 사랑은 운명과도 같다는 메시지를 기발한 SF 소재와 연결한 그야말로 신선한 영화였다. 뇌과학자 입장에서 눈여겨본 미장센은 단연 기억 제거 대목이었다. 조엘이 헤어진 연인 클레멘타인과 보낸 행복한 시절을 떠올리게 하는 물건을 앞에 두고 기억을 하는 순간, 뇌 영상 장비로 뇌에서 활성화하는 부위에 자극을 가해 기억을 삭제하는 장면이다. 컴퓨터 게임을 하듯이 뇌의 활성화 부위를 찾아내 레이저건 같은 장비로 속속 없애는 것이다. 멋진 상상력이 돋보였는데, 현실에서는 뇌과학 기반 첨단 기술을 총동원해도 불가능한 일이다. 그런데 영화 속 기억 제거 기술이 사실은 기억 재강화memory reconsolidation라는 현상과 상당히 유사하다.

신경과학 분야에서 발견한 지 20년도 넘은 기억 재강화 현상은 기억이 바뀔 수 있는 가능성을 보여주었을 뿐 아니라, 특정 기억만 선택적으로 제거할 수 있는 방법도 제시했다. 해당 실험을 간단하게 소개하면 다음과 같다.

먼저 실험쥐에게 특정 소리를 들려주고 바로 이어서 전기 충격을 가한다. 이 과정을 몇 번 반복하면 쥐는 그 소리에 바로 몸을 움츠리고 동작을 멈추는 전형적인 공포 반응을 보인다. 소리에 대한 공포 기억이 형성된 것이다. 다음번에는 동일한 소리를 들려주면서 이번엔 단백질 합성 억제제를 주입한다. 약물 주입 후 소리를 들려주면 쥐는 더 이상 공포 반응을 보이지 않는다.[1] 공포 기억이 삭제된 것이다. 어떻게 이런 일이 가능할까?

연구자들의 논리는 다음과 같다. 우리의 일반적인 상식과는 달리 기억은 영원불멸한 것이 아니라 매우 불안정하다. 많은 심리학 연구를 통해 기억의 불안정성과 왜곡 가능성이 밝혀졌다. 흥미롭게도, 기억이 가장 취약해지는 순간은 바로 그 기억을 다시 떠올릴 때다. 우리가 뭔가를 기억해내는 순간 그 기억은 가장 불안정해지고 왜곡이나 삭제가 일어나기 쉬운 상태가 된다는 것이다. 한 번 떠올린 기억은 다시 저장해야 하고, 이처럼 활성화한 기억을 재저장하는 데 단백질 합성이 필요하다. 따라서 실험쥐가 기억을 떠올리는 순간 단백질 합성을 방해하는 억제제를 주입했더니 기억 재저장에 실패하여 기억이 삭제된 것이다.

기억 재강화는 기억 문제로 고생하는 환자들에게 획기적인 치료법을 마련해준다. 예를 들어, 마약이나 니코틴 등 중독으로 고생하는 사람들에게 중독 행동을 유발하는 대상에 대한 기억만 선택적으로 제거해줄 수 있다. 또 대형 참사의 생존자나 끔찍한 범죄의 피해자가 호소하는 극도의 공포심 또는 정신적 트라우마를 줄여주는 데도 크게 기여할 수 있다.

이런 희망적인 기대에도 불구하고 기억 재강화 현상을 실제 임상적 치료 방법으로 이어가려는 연구들은 아직 성과를 거두지 못하고 있다. 가장 큰 이유는 실험쥐에게 투약한 약물이 인간에게는 치명적일 우려가 있기 때문이다. 좀 더 안전한 약물을 사용한 대안적 연구들은 아직 만족스러운 결과를 보여주지 못하고 있다. 그럼에도 불구하고 이러한 연구가 인간 기억의 생물학적 메커니즘을 이해하는 데 중요한 통찰을 제공했다는 점만큼은 결코 부정할 수 없다.

사실 지금껏 많은 심리학 연구가 인간의 기억이란 절대 정확하지 않으며, 고정되지 않고 끊임없이 변한다는 사실을 규명해왔다. 예를 들어, 한 실험에서 참가자들에게 가상의 교통사고 장면을 보여주고 얼마 후 사고 당시 차의 속도가 어느 정도였는지 인터뷰를 진행했다. 이때 실험자는 참가자 그룹별로 질문상의 표현을 달리했다. 한쪽에는 차가 "들이받았을 때"라고 표현하고 다른 쪽에는 "접촉했을 때"라고 표현했다. 그 결과 흥미롭게도, 참가자들은 차의 속도를 다르게 답했다. "접촉했을 때"라고 질문한 경우에 비해 "들이받았을 때"라고 질문한 경우 차가 훨씬 더 빠르게 달렸다고 대답한 것이다.

이는 동일한 정보를 접해도 기억을 떠올리는 순간 새로운 정보를 추가하면 그 정보에 따라 기억을 왜곡할 수 있다는 사실을 잘 보여준다. 기억이란 우리가 떠올릴 때마다 불안정한 상태로 바뀌지만 사실 대부분은 기억 과정에서 재강화하고, 재강화 과정에서 정보를 새로 포함하며 새로운 형태로 재저장한다는 것이다.[2] 기억 재강화 연구는 이처럼 기존 심리학 연구들이 보여준 기억에 관한 놀라운 결과, 그 속의 생물학적 원리를 더 과학적으로 설명해준다.

기억 재강화 관련 연구는 자존감 불균형을 방지하기 위한 뇌과학적 방법을 고민하는 데도 많은 시사점을 제시한다. 자존감 불균형을 회복하기 위한 반응은 대부분 자동적으로 일어난다. 이처럼 저절로 촉발하는 자기방어 행동은 자존감 불균형을 회복시키기도 하지만 그렇지 않을 경우가 훨씬 더 많다. 불균형을 회복시켜주지 않는 자기방어 행동을 수정하지 않고 계속 반복하면 나중에는 수정이 거의 불가능한 상태로 굳어질 수 있고, 이런 상태를 곧 알로스테시스 과부하로 볼 수 있다. 삭제하기는커녕 새로운 정보들까지 추가하여 이전보다 더 자주, 더 강하게 기억이 떠오를 수도 있고, 더 극단적인 기억으로 왜곡하여 괴로운 감정을 배가할 수도 있다. 예를 들어, 오늘 점심 때 나의 농담에 '썩소'를 날린 직장 동료의 얼굴이 잠자리에서도 계속 떠올라, 동료가 지금까지 나에게 했던 말과 행동을 기억에서 모조리 끄집어내 결국 그를 나를 파멸시키고 싶어하는 악마로 둔갑시킬 수 있다.

기억 재강화 현상은 자존감 불균형이 발생한 바로 그 시점이야말로 잘못된 자기방어 행동을 수정할 절호의 기회임을 보여준다. 모든 상황이 종료한 후 지나간 상황을 다시 머릿속에서 상상해보는 것도 효과적일 테지만 그 효과는 아무래도 제한적이다. 아무리 생생하게 그 상황을 상상해내더라도, 실제 그 순간 외부 자극이 반응을 촉발하는 과정에서 활성화된 전체 신경세포 네트워크 내의 연결을 전부 똑같이 재활성화하기란 불가능하기 때문이다. 요컨대, 자존감 불균형이 발생하면 그 즉시 감지하여 잘못된 연결을 수정하거나 새로운 연결을 찾으려 노력해야 한다는 뜻이다.

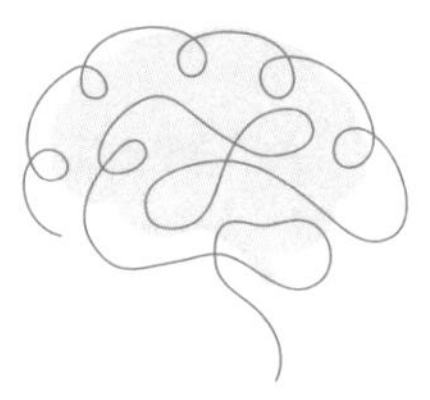

나는 어떤 질문에 감정적 반응을 보이는가

영화 〈블레이드 러너 2049〉에 사이버 인간, 즉 레플리컨트인 주인공 K가 임무를 마치고 본부로 복귀하면 매번 작은 방으로 들어가 간단한 테스트를 받는 장면이 있다.

질문자	When you're not performing your duties do they keep you in a little box? Cells. (네가 의무를 다하지 못했을 때 사람들이 너를 작은 상자에 가두었는가? 감옥.)
K	Cells. (감옥.)
질문자	What's it like to hold the hand of someone you love? Interlinked. (네가 사랑하는 사람의 손을 잡는 기분은 어떨 것 같나? 연결되다.)
K	Interlinked. (연결되다.)

질문자 What's it like to hold your child in your arms? Interlinked.
(팔에 네 아이를 안고 있는 느낌은 어떨까? 연결되다.)

K Interlinked. (연결되다.)

영화 속에서 가장 흥미로웠던 이 장면은 아이디어 자체가 진심 어린 '리스펙'을 자아냈다. 이 테스트의 정확한 원리와 목적에 대해서는 거의 언급된 바가 없다. 그런데 개인적으로 해석해 유추해보자면 다음과 같다. 사이버 인간이 감정을 갖게 되면 사회의 통제를 벗어나 인간을 위협할 위험이 있다고 일찍이 깨달은 사람들은 매일 위험한 임무를 수행하고 복귀한 사이버 인간이 임무 수행 중 혹여 내적 변화로 감정을 가질 가능성을 사전에 탐지하고 제거할 필요를 느꼈다. 그래서 임무를 마치고 돌아온 모든 사이버 인간에게 이 가능성을 알아보려는 간단한 테스트를 고안했고, 주인공 K가 받았던 '기준점 테스트baseline test'가 바로 그 산물일 것이다.

이 테스트는 인간이라면 감정적 반응을 보일 만한 질문으로 구성되었을 터이고, 질문 뒤 짧게 제시하는 단어를 정확히 빠르게 답하는 것이 목표인 듯하다. 아마도 이 목표 단어를 답할 때 K의 반응이 '기준점'에서 벗어난 양상을 보인다면 K가 감정을 가졌다고 볼 만한 단서가 될 것이다. 창작자가 어떤 의도나 과학적 근거로 이런 장면을 만들어냈는지는 알 수 없다. 하지만 중요한 점은 이러한 테스트가 과학적 근거가 있을 가능성이 농후하다는 것이다.

실제로 정서적 스트룹 검사emotional stroop test라는 심리학 과제가 이와 흡사하다. 이 과제에서 참가자들은 컴퓨터 모니터에 제시되는 단어들을 보고 단어의 개수를 최대한 빨리 정확하게 소리 내서 답하는 간단한 작업을 수행한다. 예컨대 '책상'이 3개 제시되면 정답은 3이다. 단어는 책상 같은 감정적 반응을 전혀 유발하지 않는 중성적인 것부터 죽음, 폭력 등 감정적 반응을 심하게 유발하는 것까지 다양하게 제시된다. 실험을 마친 후 중성적인 단어를 답할 때보다 감정적인 단어를 답할 때 반응 시간이 오래 걸리는 경향성을 보인다면, 그 사람은 해당 단어에 자동적·충동적인 감정 반응을 억제하기 어려웠다고 유추한다. 실제로 이런 사람들은 앞서 소개한 문내측 전전두피질의 활동이 증가한다고 알려져 있다.[3] 이는 아마도 단어의 개수를 파악하는 목표 지향적 반응, 감정적 단어가 자동적으로 촉발하는 감정 반응이 서로 충돌하면서 이를 중재하기 위한 신경학적 과정을 반영하는 것으로 보인다.

앞서 말했듯이, 자기 감정 인식은 감정 해소를 더 잘하고 균형 잡힌 심리 상태를 회복하는 데 도움이 될 수 있다. 이와 마찬가지로, 자신이 어떤 질문에 감정적인 반응을 보이는지 이런 테스트로 파악할 수 있다면 자신의 감정을 더 잘 이해하고 인식하는 데 도움이 되지 않을까? 어쩌면 기준점 체크와 같은 테스트가 단순히 감정 상태의 불균형을 파악하기 위한 용도에 그치지 않고, 일상에서 경험하는 크고 작은 자존감 불균형이 누적되어 우울증 같은 질환으로 이어지기 전에 해소해주는, 그럼으로써 치료나 예방의 효과를 견인할 수 있는 용도로 확대할 수 있을지도 모른다. 이런 테스트를 더 정교하게 만들면 영화 속 사이버 인간뿐 아니라 현실의 우리에게도 다양한 감정 문제를 미리 진단하고 예방하는 도구로 유용하게 쓰이지 않을까 싶다.

자존감 불균형 알림 시스템의 기저선 체크

우리가 일상에서 경험하는 크고 작은 감정의 문제들은 대부분 타인과의 관계에서 비롯하고 그 기저에는 인정 욕구가 자리 잡고 있다. 일상에서 자존감의 불균형이 발생할 때마다 이를 감지하여 사용자에게 알림으로써 불균형 발생을 인식하도록 도와주는 웨어러블 디바이스(신체에 부착하여 컴퓨터 사용 행위를 할 수 있는 전자 기기)가 개발된다면 어떤 효과가 있을까? 최근에 우리 연구실에서는 지금까지의 연구 결과들을 토대로 '자존감 불균형 알림 시스템' 개발이라는 실용적 목표를 향한 응용 연구를 시작했다. 사실 이제 막 걸음마를 시작한 단계고 앞으로 어떤 문제에 부딪힐지 아직 감조차 잡기 어렵지만, 가능성에 대한 기대만은 절대 작지 않다. 해당 연구의 세부를 간략히 소개하면 다음과 같다.

우리 연구실에서는 우선 자존감의 불균형을 정량적으로 측정하기 위해 지금까지 개발한 여러 행동 과제를 정리하여 가장 적절한 것을 선별하고 있다. 타인과 나를 비교하는 사회비교 행동, 나와 상관

없는 타인을 돕는 친사회적 행동, 내가 속한 집단과 경쟁 집단 간 갈등 상황에서 촉발하는 내집단 편향 행동, 타인의 부정적 평가를 받으면 촉발하는 자기방어 행동, 타인에게 잘 보이려고 나를 실제보다 더 긍정적으로 표현하는 인상 관리 행동 등이 여기에 해당한다. 이 모든 측정 과제는 우리 실험실 내에서 진행했지만, 모바일 플랫폼을 이용해 휴대전화나 태블릿피시 등으로 혼자 진행할 수 있도록 제반 프로세스를 수정할 필요가 있다. 무엇보다도 중요한 점은 다양한 비언어적 데이터를 사용자에게서 실시간으로 수집해 저장할 필요가 있다는 것이다. 비언어적인 데이터에는 여러 가지가 있겠지만 스마트워치를 통해 수집할 수 있는 선으로 한정해야 한다. 즉, 심장 박동수나 피부 전도 반응(교감신경계 활성화에 따라 분비된 땀으로 인해 증가하는 피부 위 전기 전도도), 걸음걸이, 혈압 등을 말한다.

그다음으로는 앞에서 개발한 여러 행동 과제로 수집한 모든 행동적·생리적 데이터에 기반하여 자존감 불균형을 알리는 행동 예측 모형을 만들 예정이다. 행동 예측 모형에는 행동 과제로 수집한 데이터뿐 아니라 개개인에게 얻은 신체 신호 민감도, 심박변이도 같은 다양한 개인차 지표도 설명 변인으로 포함할 것이다. 자존감 불균형 예측 모형을 만들기 위해 최근에 활용도가 급증하는 인공지능 알고리즘이나 머신러닝 기법을 사용하려 한다.

자존감 불균형 예측 모형의 초기 버전을 완성하면 이것을 장착할 웨어러블 디바이스를 개발하고, 이 장비가 실제로 일상에서 발생하는 자존감 불균형을 예측할 수 있는 수준까지 끌어올리는 고도화 작업을 진행할 예정이다. 잘 통제된 실험 환경에서 수집한 데이터를 토대로 만든 예측 모형이 수많은 노이즈에 노출되는 실제 환경에서도 잘 작동할지 지금으로서는 알 수 없다. 아마 상상도 못 해본 많은 문제를 발견하게 될 것이다. 가장 쉽게 떠오르는 노이즈는 바로 사용자의 움직임이다. 대부분의 전기적 신호 측정 장비는 피험자의 움직임에 민감하기 때문에 실제로 실험실 상황에서는 참가자가 움직이지 않는 안정 상태에서 데이터를 수집한다. 스마트워치 같은 웨어러블 디바이스는 사용자의 움직임을 감지하는 여러 센서가 포함되어 있어서 당연히 이러한 동작 정보를 모형에 포함하여 걸러내는 작업이 필요할 것이다. 아울러 베타테스트를 통해 자존감 불균형 알림 시스템이 감지한 신호가 실제로 자존감 불균형을 잘 예측했는지 확인하기 위해 사용자들의 피드백을 수집하는 경험 표집experience sampling도 포함함으로써 개인에게 최적화한 모형을 만드는 작업도 필요할 것이다.

마지막으로는 우울증이 있는 임상 집단과 일반인을 대상으로 자존감 불균형 알림 모바일 시스템을 사용하는 것이 실제로 일상에서 발생하는 감정 문제를 해결하고 전반적인 정신 건강 개선이나 예방을 견인하는 데 도움이 되는지 알아보는 다양한 검사를 시행할 예정이다. 예를 들어, 실제로 이 시스템을 사용한 사람들이 그렇지 않은 사람들에 비해 자존감 불균형이 발생하는 상황에서 더 적응적인 선택을 하는지, 주관적인 우울감을 더 적게 보고하는지 등을 알아보는 연구들을 진행할 것이다. 이렇게 얻은 데이터를 토대로 행동적인 개선과 관련 높은 기능을 확대하고 그렇지 않은 기능은 제거함으로써 자존감 불균형 알림 모바일 시스템의 기능을 업그레이드할 것이다.

자존감 불균형 알림 시스템은 다양한 가상의 사회적 상황에서 수집한 행동 패턴을 분석하여 의사 결정의 편향을 정량적으로 측정하고, 이를 토대로 개별 사용자에게 최적화한 자존감 불균형 패턴 학습 알고리즘을 개발하는 것이 목표다. 이 작업을 위해서는 방대한 양의 데이터를 빠른 속도로 처리해야 하기 때문에 인공지능이나 머신러닝 기법이 필수적이다. 자존감 불균형 알림 시스템을 통해 불균형이 심화하기 전 회복할 수 있도록 지원해주는 일정 기간의 훈련 프로그램을 마치고 나면, 궁극적으로는 이 시스템의 지원 없이도 자존감 불균형을 해소할 최적화 반응을 찾기 위한 뇌 기능이 좀 더 쉽게 활성화하는 단계에 스스로 도달할 수 있는 노력을 해야 할 것이다. 이 시스템은 치료제가 아닌 예방과 개선을 지원하는 도구이므로, 자존감 불균형의 심화에 따른 고통을 호소하지 않는 사람들에게도 얼마든지 도움이 되어야 할 것이다. 따라서 개인의 정서 및 행동 변화, 그리고 이로 인해 발생하는 개인적 심리 및 행동 문제, 나아가 사회적 갈등을 총체적으로 예방하기 위한 실용적인 방안을 모색하는 데 필수적인 과학적 기법을 제공하는 것을 궁극적인 목적으로 한다.

건강하게 '자기감'을 낮추는 '자기 감정 인식'을 위하여

자존감의 불균형을 견뎌내는 삶이란 지속하기가 녹록지 않다. 하지만 간과해서는 안 되는 사실이 있다. 바로 자존감의 불균형이 자아가 위축해서 발생하는 현상이 아니라는 것이다. 오히려 자아가 비대해져서 발생한다고 보는 편이 합당하다. 나보다 못한 처지에 있는 사람들을 보며 안도하거나 자부하는 것도, 나보다 뛰어난 사람들을 보며 너무 기죽거나 질투하는 것도 모두 거대하게 팽창한 자아 때문이라고 볼 수 있다. 개체가 갖는 '자기'는 생명을 이어가기 위해 노력하는 과정에서 필연적으로 생겨나고 생존에 필수적이다. 자기라는 개념은 너무나 강력하게 뇌 속에 각인되어서 자기가 사라지는 건 상상조차 못 할 일이다.

그런데 간단한 약물 처치만으로 자아를 위축시킬 방법이 있긴 하다. 약물 이름을 대면 사회적으로 악명 높아서 바로 알 텐데, 다름 아닌 LSD Lysergic Acid Diethylamide 이다. LSD는 극히 소량만으로 엄청난 환각을 일으키는 강력한 환각제여서 절대 사용해서도 안 되며, 어떤 이유로든 그 용도를 미화해서도 안 된다. 이 책에서는 자아와 관련된 LSD의 효과를 알아보는 측면에 한하여 불가피하게 다루기로 한다. LSD의 약리작용을 신중하게 들여다보면 자아가 팽창하는 이유를 과학적으로 이해할 수 있고, 이로써 자아의 과도한 팽창을 해소하는 방식을 찾아내는 데 유용한 단서를 얻을 수 있기 때문이다.

참을 수 없는 자아의 강력함

LSD는 '나'와 '내가 아닌 것' 간의 경계를 희미하게 하는 특수한 효과가 있다. 인간이 태어나 평생 동안 거치는 발달 과정은 나의 경계를 이전보다 더 뚜렷하게 인식하는 과정이라 할 수 있다. 나의 외모, 나의 능력, 나의 사회적 위치를 여러 범주 중 하나로 분류하고 끊임없이 타인과 비교하는 과정을 통해 그 범주를 공고히 다진다. 나를 명확히 규정하는 일은 사회적 관계 속에서 내가 어떤 말을 하고 어떤 표정을 짓고 어떤 행동을 취해야 할지 등을 빨리 결정할 수 있게 해준다. LSD는 이렇게 우리가 평생에 걸쳐 축조한 '나'라는 개념이 순식간에 붕괴하는 결과를 초래한다. 어떻게 그럴 수 있을까?

일단 LSD는 뇌의 세로토닌 시스템을 조절함으로써 우울증 완화 효과를 가져오는 약리작용이 있다고 알려져 있다. 우울증은 세로토닌 저하와 관련이 깊은데, LSD 같은 약물이 세로토닌 재흡수를 억제함으로써 세로토닌이 사라지는 현상을 막는 작용을 하여 신경전달 경로에 세로토닌 양을 증가시키고 결과적으로 우울증을 완화한다.[4] 세로토닌은 소화, 체온, 호흡, 배뇨 등 다양한 신체 항상성 조절 과정과 깊이 연관된 것으로 익히 알려져 있다.[5] 그리고 세로토닌 활동을 증가시키는 약물인 시탈로프람Citalopram을 투여하면 자신의 심박수를 감지하는 능력이 향상되는 것이 확인되었다.[6] 이와 같은 세로토닌의 기능을 단적으로 말하긴 어려운데, 아마도 신체 신호에 대한 민감도를 증가시키고 신체 항상성 조절 기능을 향상시켜 타인을 비롯한 외부 감각 정보에 대한 지나친 의존성을 희석함으로써 우울증 같은 정신 질환을 치료하는 데 도움을 준다고 말할 수 있다.

최근 연구에 따르면, LSD를 처치할 경우 내측 전전두피질에 세로토닌이 방출되는 양이 증가한다고 한다.[7] 앞서 말했듯이, 내측 전전두피질은 다양한 사회적 의사 결정에 깊이 관여하며, 특히 문내측 전전두피질은 자기 참조 영역, 디폴트 모드 네트워크, 신체와의 소통 증가 같은 기능과 관련된다.

그렇다면 LSD는 사회적 상황에서 의사 결정에 어떤 영향을 미칠까? 대표적인 예로 동조 행동을 고려해보자. 동조 행동은 나와 타인 간 의견이 다를 때 사회적 압력을 경험하여, 그로 인한 불안감을 해소하기 위해 자신의 의견을 접고 타인의 의견을 따라가는 현상이다. 이는 타인의 시선을 의식하며 성장한 사회적 자아의 소산으로 볼 수 있다. 최근 한 연구에 따르면, 실험 참가자가 낯선 얼굴의 신뢰도를 판단하는 과제에서 자신의 심장 박동수를 정확히 감지할수록 자신과 타인 간 의견이 다를 때 타인의 의견에 따르는 동조 행동 경향성이 감소한다고 한다.[8]

LSD가 내측 전전두피질의 세로토닌 분비를 촉진해 뇌와 신체 간 소통을 증진한다면 위의 연구 결과와 마찬가지로 동조 행동 경향성을 감소시키지 않을까? 실제 실험 결과는 예상과 다르게 나타났다. LSD를 투여한 실험 집단은 위약을 투여한 통제 집단에 비하여, 나와 타인 간에 의견이 다를 때 상대방의 의견을 따라가는 동조 행동 경향성이 증가했다. 그리고 예상대로 이때 문내측 전전두피질의 활동 또한 증가했다.[9]

사회적 자아를 희석하는 LSD 효과

왜 이런 결과가 나왔을까? 실험 결과를 자세히 들여다보자. 참가자들은 자신과 타인 간 의견 차이가 작을 때는 타인의 의견에 따르는 반면에, 차이가 클 때는 오히려 위약 투여 집단에 비하여 동조 행동 경향성이 감소했다. 그런데 위약 투여 집단은 이와 반대의 경향성을 보였다. 즉, 의견 차이가 작을 때보다 클 때 동조 행동 경향성이 다소 증가했다.

사실 이 연구에서 타인의 의견이란 단 한 명이 아닌 70명의 의견을 평균한 결과였다. 따라서 자신과 집단의 의견 차이가 클 경우, 대부분의 사람들은 불안감을 느끼고 동조해야 마땅한 듯한 압박감을 경험했을 것이다. LSD 투여 집단에서 의견 차이가 작을 때보다 클 때 오히려 동조 행동 경향성이 감소한 것은 어떻게 해석해야 할까? 의견 차이가 컸던 경우는 작았던 경우보다 자신의 의견에 대한 확신도가 높았을 가능성이 크다. 즉, 자신의 의견이 애매할 때는 다수의 의견을 적극적으로 수용하지만, 아무리 다수의 의견이라 해도 자신이 확신하는 의견과 다를 때는 대수롭지 않게 여기고 자기 의견을 고수하기 쉽다.

나와 의견이 다른 타인을 무조건 따라가는 태도는 타인의 시선을 지나치게 의식하는 비대해진 사회적 자아에서 비롯했다고 볼 수 있다. 나와 의견이 다른 타인을 상대할 때 자기 의견을 무리하게 우기는 태도 또한 마찬가지다. 즉, 타인의 눈치를 살피며 무조건 나의 의견을 굽히는 선택이든 타인의 의견을 묵살하고 무조건 나의 의견만 고집하는 선택이든, 모두 '나'라는 신체보다 '타인'이라는 외부 환경에만 의존하며 과도하게 팽창한 자아의 산물이라는 말이다. 비대해진 자아는 지나친 자기 희생이나 타인과의 불필요한 갈등을 유발하는 주요 원인이 될 수 있다. 어쩌면 건강한 자기감이나 자아라는 것은 신체 각 기관에서 전달된 생명의 요구 신호들이 집약되어 타인을 포함한 외부 환경을 거스르지 않는 선에서 조화를 찾아가는 도중에 만들어지는 것이 아닐까?

자아의 과도한 팽창에 관하여 LSD가 시사해주는 점은 자기의 경계를 방어하고 확장하기 위해 비대해진 자아가 기능을 잠시 멈추면 뜻하지 않게 타인과의 마찰이나 갈등이 줄어들기도 한다는 것이다. 정상적인 자기감의 작동을 훼손하는 LSD는 역설적이게도 자기감의 상실이 일시적인 해방감으로 이어지는 효과를 가져오기도 한다. 실제로 LSD의 환각 효과를 체험한 사람이 인터뷰에서 자신이 온 우주와 하나가 된 것 같았다고 진술했다. 이는 자기감을 상실하여 자아라는 프레임이 사라질 때 그 프레임이 주는 불안감에서 벗어났기 때문이지 않을까? 하지만 문제는 모든 사람이 동일한 해방감을 느끼지 못한다는 사실이다. LSD의 효과는 개인차가 크고, 사용자가 약을 투여하는 시점에 심리 상태가 어떤지에 따라 달라질 수 있다는 증거가 있다.[10]

이러한 개인차는 아마도 약물 사용자가 일생 동안 만들어온 자아의 기능이 얼마나 긍정적인지 혹은 부정적인지에 따라 달라지는 것으로 보인다. 자아의 과도한 팽창이 긍정성을 억누르고 있었다면 LSD의 효과는 긍정적으로 나타나겠지만 그 반대이기도 할 것이다. LSD이든 세로토닌 재흡수를 억제하는 우울증 완화 약물이든, 애초에 생존이라는 궁극적 목적을 위해 생겨난 자아의 기능을 인공적인 약물의 힘을 빌려 일순간 사라지도록 하는 오남용은 장기적으로 보면 좋은 선택이 아니다. 더욱이 이런 선택을 반복하여 습관으로 고착되면 생존 자체가 위태로워진다. 선택이 빚은 생존의 위기는 나의 노력이 아닌 마약의 힘으로 불안감을 해소한 내가 반드시 치러야 하는 대가일 터이다.

경외감이 주는 뜻밖의 선물

약물에 의존하지 않고 자아의 과도한 팽창을 해소할 수 있는 안전하고도 건강한 방법은 없을까?

수년 전 미국의 그랜드 캐니언을 방문한 적 있는데 그날의 기억이 아직도 생생하게 남아 있다. 무더위에 오르막길을 걷느라 잔뜩 짜증 났는데 어느 순간 눈앞에 장대하게 펼쳐진 자연을 맞닥뜨리자 숨이 멎을 듯 가슴이 벅차올랐다. 살아평생 눈에 담아본 적 없는 크기의 대자연이었다. 거기 선 채로 그저 먹먹했고, 떠나와서도 형언하기 어려운 실감을 고스란히 간직하며 지냈다. 놀라움, 두려움, 황홀함 등 세상 모든 비범한 표현을 응축해야 할 것만 같은 감정에 들떴다.

최근 사회심리학에서는 '경외감awe'이라는 감정에 주목하고 있다. 경외감이란 우리가 가진 세상에 대한 이해의 범위를 넘어서는 방대한 어떤 존재를 향해 느끼는 감정을 말한다.[11] 그랜드 캐니언처럼 막대한 규모의 자연환경을 포함해 종교적 체험, 카리스마 리더십의 소유자 등을 마주할 때 일어나는 감정이 경외감에 해당한다. 얼마 전 우주여행을 다녀온 억만장자들이 광막하고 무심한 우주를 목격하고 일관되게 밝힌 소감이야말로 경외감이다.

그럼 왜 사회심리학에서는 경외감에 관심을 기울일까? 최근 연구에 따르면, 경외감이 들 때 '자기'에 대한 개념이 희미해지거나 축소된다고 하며,[12] 겸손해지거나 겸허해지고,[13] 나아가 타인에 대한 친사회적 경향성이 높아진다고 한다.[14] 경외감의 놀라운 점은 자기에 대한 개념의 변화가 타인을 포함한 외부 환경을 받아들이는 마음가짐이나 태도, 관계의 양상까지 변화시킬 수 있다는 것이다. 왜 그럴까?

경외감 관련 신경과학적 연구는 그리 많지 않은데, 그중 가장 눈에 띄는 뇌 영상 연구에서는 다양한 감정을 유발하는 여러 동영상을 감상하는 동안 뇌 반응을 측정했다. 동영상 중 하나는 경외감을 느낄 수 있는 내용이 포함되어 있었다. 그 결과 경외감을 유발하는 동영상을 감상할 때 자기 참조 영역, 디폴트 모드 네트워크에 해당하는 문내측 전전두피질의 활성화 수준이 감소했다.[15] 그 이유를 아직 명확히 알 수는 없지만, 경외감이 자기를 축소시키고 희미하게 한다는 이전의 연구 결과나 이론과 일맥상통하는 결과로 보인다.

먹이를 찾아 미로를 헤매며 조바심하고 전전긍긍하는 쥐는 실험자의 관점에서 우스꽝스럽게 보일지도 모른다. 만약 그 순간 쥐가 실험자의 관점에서 미로를 볼 수 있다면 어떨까? 그동안 자신이 갇혀 있던 미로가 한눈에 훤히 내려다보이고, 늘 먹이 찾느라 허둥지둥했던 지난날 자신의 행동과 감정이 돌연 하찮게 여겨지며 관점의 격변이 불러온 충격과 놀라움에 그저 전율할 것이다. 경외감이란 이런 것이 아닐까?

그동안 실제라고 여긴 현실이 결국 내가 만들어놓고 스스로 갇혀 버린 프레임에 불과하다는 것을 깨닫는 순간의 감정이 바로 경외감일 것이다. 감정이란 곧 뇌와 신체 간의 소통 장애를 말하므로 경외감이라는 감정 또한 마찬가지다. 자기를 축소시키고 희미하게 함으로써 기존의 프레임을 확장해주는 경외감, 이 감정을 통해 그동안의 뇌와 신체 간 소통 장애를 감지하여 신체 신호를 더 섬세하게 읽을 기회로 삼는다면 뇌와 신체 간 소통 방식을 한 단계 업그레이드할 수 있을 것이다.

대자연의 품에 안겨보는 여행이나 천체 관측 등 우리가 때때로 경외감을 느낄 수 있는 방법은 얼마든지 있다. 종교적 체험 또한 그중 하나다. 전지전능하다고 믿는 절대자에게 의지하여 삶의 모든 불안과 걱정을 해소하는 사람들은 대단한 치유 효과를 보면서 살아갈 용기를 얻기도 한다. 실제로 종교적 체험을 떠올리면 종교를 믿든 안 믿든 공통적으로 경외감을 경험한다고 알려져 있다. 그리고 이런 경외감은 '작은 나small self'를 경험하게 한다.[16]

어쩌면 종교적인 의례나 절대자를 향한 감사가 정신적 위안을 주는 이유는 바로 자기감과 자존감을 점점 더 확장하는 알로스테시스 기능의 과부하로 인한 불균형을 해소해주기 때문일지도 모른다. 반면에 단순히 재앙을 물리치고 복을 부르려는 기복적 신앙은 불행은 최소화하고 보상은 극대화하길 바란다는 측면에서 오히려 알로스테시스 과부하를 조장해 불균형을 초래할 우려가 있다.

물리학의 관점에서 볼 때, 우주에는 온통 죽어 있는 것들로 가득 차 있고 생명을 가진 존재는 극히 드물다고 한다. 살아 있음보다는 죽어 있음이 오히려 더 자연스러운 상태라는 것이다. 물질로부터 생명이 생겨나 '자기'를 갖게 되는 과정을 이해하는 것은 죽음의 순간 자기가 사라지고 더 자연스러운 상태로 나아간다는 사실을 받아들이는 데 도움이 될 수 있다. 이런 자연스러움을 향한다는 것을 우리의 자아가 받아들일 때, 뇌 속에 각인되어 자기가 사라지는 건 상상조차 못 하여 온몸으로 거부하는 부자연스러운 상태를 벗어날 방법을 찾을 수 있을 것이다.

자아정체성의 뇌과학

우리는 타인의 시선에 얽매이지 않고 타인의 기대에 아랑곳하지 않으며 자신만의 길을 찾아 꿋꿋이 걸어가는 삶을 바람직하게 여기는 경향이 있다. 이러한 삶을 가리켜 자아를 실현하는 삶, 곧 자아정체성을 찾아가는 삶이라고 부른다. 매슬로의 욕구 위계 이론에서는 자아실현을 인간의 욕구 중에서 최상위 단계에 위치한 가장 높은 수준으로 간주한다. 자아정체성은 과연 어떻게 찾을 수 있을까?

앞서 말했듯이 인정 욕구는 너무나 강력하고 무의식 깊숙이 뿌리박혀 있어서 자아정체성을 추구하는 욕구에도 스며들 수 있다. 즉, 타인의 시선과 무관하게 자신만의 길을 찾아가는 삶이 남들 눈에 근사해 보일 것이라는 기대가 나의 무의식에 각인되어 내 행동을 이끌 때, 이를 자아실현으로 착각할 수 있다는 말이다. 자아정체성을 추구하려는 동기의 기저에도 인정 욕구가 자리 잡게 되는 것이다. 그러나 이 경우 자아실현은 오히려 현실 도피를 위한 일종의 방어적 행동에 가깝다고 볼 수 있다.

그렇다면 인정 욕구에 휘둘리지 않고 진정한 자아정체성을 찾아가려면 어떻게 해야 할까? 인정 욕구는 대부분의 사회적 관계에서 행동을 지배하는 강력한 동기지만, 그렇다고 해서 욕구의 최상위 단계가 될 수는 없다. 인간이 도달할 수 있는 최상위 단계의 욕구는 나 자신을 온전한 형태로 세상에 드러내는 것일 텐데 이는 자기감과 더 관련될 것이다. 즉, 내가 도달할 수 있는 최상의 목표는 나와 세상과의 관계를 온전하게 확립하는 것이라는 말이다. 나의 욕구가 세상의 흐름과 어긋나지 않는 상태, 이 둘이 서로 거스르지 않고 물 흐르듯 어우러져가는 상태를 말한다. 그리고 이런 상태에 도달하는 데 가장 현실적이면서도 효과적인 방법이야말로 다름 아닌 '자기 감정 인식'이다.

미주

1장

1 de Waal, F. B. M. Fish, mirrors, and a gradualist perspective on self-awareness. PLoS biology 17, e3000112, doi:10.1371/journal.pbio.3000112 (2019); Plotnik, J. M., de Waal, F. B. & Reiss, D. Self-recognition in an Asian elephant. Proceedings of the National Academy of Sciences of the United States of America 103, 17053-17057, doi:10.1073/pnas.0608062103 (2006).

2 Kohda, M. et al. If a fish can pass the mark test, what are the implications for consciousness and self-awareness testing in animals? PLoS biology 17, e3000021, doi:10.1371/journal.pbio.3000021 (2019).

3 Pinto, A., Oates, J., Grutter, A. & Bshary, R. Cleaner wrasses Labroides dimidiatus are more cooperative in the presence of an audience. Current biology : CB 21, 1140-1144, doi:10.1016/j.cub.2011.05.021 (2011).

4 Botvinick, M. & Cohen, J. Rubber hands 'feel' touch that eyes see. Nature 391, 756, doi:10.1038/35784 (1998).

5 Blanke, O., Slater, M. & Serino, A. Behavioral, Neural, and Computational Principles of Bodily Self-Consciousness. Neuron 88, 145-166, doi:10.1016/j.neuron.2015.09.029 (2015); Makin, T. R., Holmes, N. P. & Ehrsson, H. H. On the other hand: dummy hands and peripersonal space. Behavioural brain research 191, 1-10, doi:10.1016/j.bbr.2008.02.041 (2008);Tsakiris, M. My body in the brain: a neurocognitive model of body-ownership. Neuropsychologia 48, 703-712, doi:10.1016/j.neuropsychologia.2009.09.034 (2010).

6 Tuthill, J. C. & Azim, E. Proprioception. Current biology : CB 28, R194-R203,

doi:10.1016/j.cub.2018.01.064 (2018).

7 Makin, T. R., Holmes, N. P. & Ehrsson, H. H. On the other hand: dummy hands and peripersonal space. Behavioural brain research 191, 1-10, doi:10.1016/j.bbr.2008.02.041 (2008).

8 Petkova, V. I. & Ehrsson, H. H. If I were you: perceptual illusion of body swapping. PLoS One 3, e3832, doi:10.1371/journal.pone.0003832 (2008).

9 Ehrsson, H. H., Wiech, K., Weiskopf, N., Dolan, R. J. & Passingham, R. E. Threatening a rubber hand that you feel is yours elicits a cortical anxiety response. Proceedings of the National Academy of Sciences of the United States of America 104, 9828-9833, doi:10.1073/pnas.0610011104 (2007).

10 Cascio, C. J., Foss-Feig, J. H., Burnette, C. P., Heacock, J. L. & Cosby, A. A. The rubber hand illusion in children with autism spectrum disorders: delayed influence of combined tactile and visual input on proprioception. Autism 16, 406-419, doi:10.1177/1362361311430404 (2012); Fiorio, M. et al. Impairment of the rubber hand illusion in focal hand dystonia. Brain 134, 1428-1437, doi:10.1093/brain/awr026 (2011).

11 Balslev, D., Nielsen, F. A., Paulson, O. B. & Law, I. Right temporoparietal cortex activation during visuo-proprioceptive conflict. Cerebral cortex 15, 166-169, doi:10.1093/cercor/bhh119 (2005).

12 Farrer, C. et al. Neural correlates of action attribution in schizophrenia. Psychiatry Res 131, 31-44, doi:10.1016/j.pscychresns.2004.02.004 (2004).

13 Leube, D. T. et al. The neural correlates of perceiving one's own movements. NeuroImage 20, 2084-2090, doi:10.1016/j.neuroimage.2003.07.033 (2003).

14 Serino, A. et al. Bodily ownership and self-location: components of bodily self-consciousness. Consciousness and cognition 22, 1239-1252, doi:10.1016/j.concog.2013.08.013 (2013).

15 Tsakiris, M., Costantini, M. & Haggard, P. The role of the right temporo-parietal junction in maintaining a coherent sense of one's body. Neuropsychologia 46, 3014-

3018, doi:10.1016/j.neuropsychologia.2008.06.004 (2008).

16 Tsakiris, M., Tajadura-Jimenez, A. & Costantini, M. Just a heartbeat away from one's body: interoceptive sensitivity predicts malleability of body-representations. Proceedings. Biological sciences 278, 2470-2476, doi:10.1098/rspb.2010.2547 (2011).

17 Critchley, H. D., Wiens, S., Rotshtein, P., Ohman, A. & Dolan, R. J. Neural systems supporting interoceptive awareness. Nature neuroscience 7, 189-195, doi:10.1038/nn1176 (2004).

18 Karnath, H. O., Baier, B. Right insula for our sense of limbownership and self-awareness of actions. Brain Structure and Function 214, 411-417, doi:10.1007/s00429-010-0250-4 (2010).

19 Petzschner, F. H., Weber, L. A. E., Gard, T. & Stephan, K. E. Computational Psychosomatics and Computational Psychiatry: Toward a Joint Framework for Differential Diagnosis. Biological psychiatry 82, 421-430, doi:10.1016/j.biopsych.2017.05.012 (2017); Seth, A. K. Interoceptive inference, emotion, and the embodied self. Trends in cognitive sciences 17, 565-573, doi:10.1016/j.tics.2013.09.007 (2013).

2장

1 McEwen, B. S. Stress, adaptation, and disease. Allostasis and allostatic load. Annals of the New York Academy of Sciences 840, 33-44, doi:10.1111/j.1749-6632.1998.tb09546.x (1998).

2 McEwen, B. S. Allostasis and allostatic load: implications for neuropsychopharmacology. Neuropsychopharmacology : official publication of the American College of Neuropsychopharmacology 22, 108-124, doi:10.1016/S0893-133X(99)00129-3 (2000).

3 Schultz, W. Predictive reward signal of dopamine neurons. Journal of neurophysiology 80, 1-27, doi:10.1152/jn.1998.80.1.1 (1998).

4 Deci, E. L. The effects of externally mediated rewards on intrinsic motivation. Journal

of personality and social psychology 18, 105-115 (1971).

5 Izuma, K., Matsumoto, K., Camerer, C. F. & Adolphs, R. Insensitivity to social reputation in autism. Proceedings of the National Academy of Sciences of the United States of America 108, 17302-17307, doi:10.1073/pnas.1107038108 (2011).

6 Froemke, R. C. & Young, L. J. Oxytocin, Neural Plasticity, and Social Behavior. Annual review of neuroscience 44, 359-381, doi:10.1146/annurev-neuro-102320-102847 (2021).

7 Tollenaar, M. S., Chatzimanoli, M., van der Wee, N. J. & Putman, P. Enhanced orienting of attention in response to emotional gaze cues after oxytocin administration in healthy young men. Psychoneuroendocrinology 38, 1797-1802, doi:10.1016/j.psyneuen.2013.02.018 (2013).

8 Brzozowska, A., Longo, M. R., Mareschal, D., Wiesemann, F. & Gliga, T. Oxytocin but not naturally occurring variation in caregiver touch associates with infant social orienting. Dev Psychobiol 64, e22290, doi:10.1002/dev.22290 (2022).

9 Winslow, J. T. et al. Infant vocalization, adult aggression, and fear behavior of an oxytocin null mutant mouse. Hormones and behavior 37, 145-155, doi:10.1006/hbeh.1999.1566 (2000).

10 Karelina, K. & Norman, G. J. Oxytocin Influence on NTS: Beyond Homeostatic Regulation. The Journal of neuroscience : the official journal of the Society for Neuroscience 29, 4687-4689, doi:10.1523/JNEUROSCI.0342-09.2009 (2009); Quattrocki, E. & Friston, K. Autism, oxytocin and interoception. Neuroscience and biobehavioral reviews 47, 410-430, doi:10.1016/j.neubiorev.2014.09.012 (2014).

11 James, R. J. et al. Thirst induced by a suckling episode during breast feeding and relation with plasma vasopressin, oxytocin and osmoregulation. Clin Endocrinol (Oxf) 43, 277-282, doi:10.1111/j.1365-2265.1995.tb02032.x (1995).

12 Ates Col, I., Sonmez, M. B. & Vardar, M. E. Evaluation of Interoceptive Awareness in Alcohol-Addicted Patients. Noro Psikiyatr Ars 53, 17-22, doi:10.5152/npa.2015.9898 (2016); Sonmez, M. B., Kahyaci Kilic, E., Ates Col, I., Gorgulu, Y. & Kose Cinar, R. Decreased interoceptive awareness in patients with substance use disorders. Journal of

Substance Use 22, 1-6 (2016).

13 Betka, S. et al. Impact of intranasal oxytocin on interoceptive accuracy in alcohol users: an attentional mechanism? Social cognitive and affective neuroscience 13, 440-448, doi:10.1093/scan/nsy027 (2018).

14 Colonnello, V., Chen, F. S., Panksepp, J. & Heinrichs, M. Oxytocin sharpens self-other perceptual boundary. Psychoneuroendocrinology 38, 2996-3002, doi:10.1016/j.psyneuen.2013.08.010 (2013).

15 De Dreu, C. K. et al. The neuropeptide oxytocin regulates parochial altruism in intergroup conflict among humans. Science 328, 1408-1411, doi:10.1126/science.1189047 (2010).

16 Theriault, J. E., Young, L., Barrett, L. F. The sense of should: A biologically-based framework for modeling social pressure. Physics of Life Reviews 36, 100-136 (2021).

17 Constant, A., Ramstead, M. J. D., Veissiere, S. P. L. & Friston, K. Regimes of Expectations: An Active Inference Model of Social Conformity and Human Decision Making. Frontiers in psychology 10, 679, doi:10.3389/fpsyg.2019.00679 (2019).

3장

1 Rogers, T. B., Kuiper, N. A. & Kirker, W. S. Self-reference and the encoding of personal information. Journal of personality and social psychology 35, 677-688, doi:10.1037//0022-3514.35.9.677 (1977).

2 Kelley, W. M. et al. Finding the self? An event-related fMRI study. Journal of cognitive neuroscience 14, 785-794, doi:10.1162/08989290260138672 (2002).

3 Philippi, C. L., Duff, M. C., Denburg, N. L., Tranel, D. & Rudrauf, D. Medial PFC damage abolishes the self-reference effect. Journal of cognitive neuroscience 24, 475-481, doi:10.1162/jocn_a_00138 (2012).

4 Macrae, C. N., Moran, J. M., Heatherton, T. F., Banfield, J. F. & Kelley, W. M. Medial prefrontal activity predicts memory for self. Cerebral cortex 14, 647-654, doi:10.1093/cercor/bhh025 (2004).

5 Mitchell, J. P., Macrae, C. N. & Banaji, M. R. Dissociable medial prefrontal contributions to judgments of similar and dissimilar others. Neuron 50, 655-663, doi:10.1016/j.neuron.2006.03.040 (2006).

6 Krienen, F. M., Tu, P. C. & Buckner, R. L. Clan mentality: evidence that the medial prefrontal cortex responds to close others. The Journal of neuroscience : the official journal of the Society for Neuroscience 30, 13906-13915, doi:10.1523/JNEUROSCI.2180-10.2010 (2010).

7 Wang, G. et al. Neural representations of close others in collectivistic brains. Social cognitive and affective neuroscience 7, 222-229, doi:10.1093/scan/nsr002 (2012).

8 Kim, H. Stability or Plasticity? - A Hierarchical Allostatic Regulation Model of Medial Prefrontal Cortex Function for Social Valuation. Frontiers in neuroscience 14, doi:ARTN 281 ?? 10.3389/fnins.2020.00281 (2020).

9 Yoon, L., Kim, K., Jung, D. & Kim, H. Roles of the MPFC and insula in impression management under social observation. Social cognitive and affective neuroscience 16, 474-483, doi:10.1093/scan/nsab008 (2021).

10 Theriault, J. E., Young, L., Barrett, L. F. The sense of should: A biologically-based framework for modeling social pressure. Physics of Life Reviews 36, 100-136 (2021)

11 Campbell-Meiklejohn, D. K., Bach, D. R., Roepstorff, A., Dolan, R. J. & Frith, C. D. How the opinion of others affects our valuation of objects. Current biology : CB 20, 1165-1170, doi:10.1016/j.cub.2010.04.055 (2010); Klucharev, V., Hytonen, K., Rijpkema, M., Smidts, A. & Fernandez, G. Reinforcement learning signal predicts social conformity. Neuron 61, 140-151, doi:10.1016/j.neuron.2008.11.027 (2009); Nook, E. C. & Zaki, J. Social norms shift behavioral and neural responses to foods. Journal of cognitive neuroscience 27, 1412-1426, doi:10.1162/jocn_a_00795 (2015); Zaki, J., Schirmer, J. & Mitchell, J. P. Social influence modulates the neural computation of value. Psychological science 22, 894-900, doi:10.1177/0956797611411057 (2011).

12 Izuma, K. & Adolphs, R. Social manipulation of preference in the human brain. Neuron 78, 563-573, doi:10.1016/j.neuron.2013.03.023 (2013); Wu, H., Luo, Y. & Feng, C. Neural signatures of social conformity: A coordinate-based activation

likelihood estimation meta-analysis of functional brain imaging studies. Neuroscience and biobehavioral reviews 71, 101-111, doi:10.1016/j.neubiorev.2016.08.038 (2016).

13 Kim, D., Y., K. J. & H., K. Distinctive roles of medial prefrontal cortex subregions in strategic conformity to social hierarchy. Journal of Neuroscience, doi:https://doi.org/10.1523/JNEUROSCI.0549-23.2023 (2023).

14 Izuma, K., & Adolphs, R. (2013). Social manipulation of preference in the human brain. Neuron, 78(3), 563-573. doi:10.1016/j.neuron.2013.03.023

15 Leary, M. R., Terdal, S. K., Tambor, E. S. & Downs, D. L. Self-Esteem as an Interpersonal Monitor - the Sociometer Hypothesis. Journal of personality and social psychology 68, 518-530, doi:Doi 10.1037/0022-3514.68.3.518 (1995).

16 Stephan, K. E. et al. Allostatic Self-efficacy: A Metacognitive Theory of Dyshomeostasis-Induced Fatigue and Depression. Frontiers in human neuroscience 10, 550, doi:10.3389/fnhum.2016.00550 (2016).

17 Barrett, L. F. & Simmons, W. K. Interoceptive predictions in the brain. Nature Reviews Neuroscience 16, 419-429, doi:10.1038/nrn3950 (2015).

18 Stephan, K. E., Manjaly, Z. M., Mathys, C. D., Weber, L. A., Paliwal, S., Gard, T., . . . Petzschner, F. H. (2016). Allostatic Self-efficacy: A Metacognitive Theory of Dyshomeostasis-Induced Fatigue and Depression. Front Hum Neurosci, 10, 550. doi:10.3389/fnhum.2016.00550

19 Leary, M. R., Terdal, S. K., Tambor, E. S., & Downs, D. L. (1995). Self-Esteem as an Interpersonal Monitor - the Sociometer Hypothesis. J Pers Soc Psychol, 68(3), 518-530. doi:Doi 10.1037/0022-3514.68.3.518

20 Somerville, L. H., Heatherton, T. F. & Kelley, W. M. Anterior cingulate cortex responds differentially to expectancy violation and social rejection. Nature neuroscience 9, 1007-1008, doi:10.1038/nn1728 (2006).

21 Somerville, L. H., Kelley, W. M. & Heatherton, T. F. Self-esteem modulates medial prefrontal cortical responses to evaluative social feedback. Cerebral cortex 20, 3005-3013, doi:10.1093/cercor/bhq049 (2010).

22 Yoon, L., Somerville, L. H. & Kim, H. Development of MPFC function mediates shifts in self-protective behavior provoked by social feedback. Nature communications 9, 3086, doi:10.1038/s41467-018-05553-2 (2018).

23 Lee, M. [Master's Thesis, Korea University] Physiological responses predicting self-protective behavior provoked by social feedback. (2022).

4장

1 Sakurai, T. The neural circuit of orexin (hypocretin): maintaining sleep and wakefulness. Nature reviews. Neuroscience 8, 171-181, doi:10.1038/nrn2092 (2007).

2 Han, W. et al. A Neural Circuit for Gut-Induced Reward. Cell 175, 887-888, doi:10.1016/j.cell.2018.10.018 (2018).

3 Schultz, W. (1998). Predictive reward signal of dopamine neurons. J Neurophysiol, 80(1), 1-27. doi:10.1152/jn.1998.80.1.1

4 Khalsa, S. S., Rudrauf, D. & Tranel, D. Interoceptive awareness declines with age. Psychophysiology 46, 1130-1136, doi:10.1111/j.1469-8986.2009.00859.x (2009).

5 Rifkin, J. Entropy : a new world view. (Viking Press, 1980).

6 Koob, G. F. & Le Moal, M. Drug addiction, dysregulation of reward, and allostasis. Neuropsychopharmacology 24, 97 – 129, (2001).

5장

1 Grammer, K. & Thornhill, R. Human (Homo sapiens) facial attractiveness and sexual selection: the role of symmetry and averageness. J Comp Psychol 108, 233-242, doi:10.1037/0735-7036.108.3.233 (1994).

2 Scheib, J. E., Gangestad, S. W. & Thornhill, R. Facial attractiveness, symmetry and cues of good genes. Proceedings. Biological sciences 266, 1913-1917, doi:10.1098/rspb.1999.0866 (1999).

3 Holt-Lunstad, J. Social Connection as a Public Health Issue: The Evidence

and a Systemic Framework for Prioritizing the "Social" in Social Determinants of Health. Annu Rev Public Health 43, 193-213, doi:10.1146/annurev-publhealth-052020-110732 (2022).

4 Pound, N. et al. Facial fluctuating asymmetry is not associated with childhood ill-health in a large British cohort study. Proceedings. Biological sciences 281, doi:10.1098/rspb.2014.1639 (2014).

5 Giurfa, M., Eichmann, B. & Menzel, R. Symmetry perception in an insect. Nature 382, 458-461, doi:10.1038/382458a0 (1996).

6 Winkielman, P., Halberstadt, J., Fazendeiro, T. & Catty, S. Prototypes are attractive because they are easy on the mind. Psychological science 17, 799-806, doi:10.1111/j.1467-9280.2006.01785.x (2006).

7 Roediger, H. L. & McDermott, K. B. Creating false memories: Remembering words not presented in lists. Journal of Experimental Psychology: Learning, Memory, and Cognition 21, 803-814 (1995).

8 Gallate, J., Chi, R., Ellwood, S. & Snyder, A. Reducing false memories by magnetic pulse stimulation. Neurosci Lett 449, 151-154, doi:10.1016/j.neulet.2008.11.021 (2009).

9 Greenwald, A. G., McGhee, D. E. & Schwartz, J. L. Measuring individual differences in implicit cognition: the implicit association test. Journal of personality and social psychology 74, 1464-1480, doi:10.1037//0022-3514.74.6.1464 (1998).

10 Gallate, J., Wong, C., Ellwood, S., Chi, R. & Snyder, A. Noninvasive brain stimulation reduces prejudice scores on an implicit association test. Neuropsychology 25, 185-192, doi:10.1037/a0021102 (2011); Wong, C. L., Harris, J. A. & Gallate, J. E. Evidence for a social function of the anterior temporal lobes: low-frequency rTMS reduces implicit gender stereotypes. Social neuroscience 7, 90-104, doi:10.1080/17470919.2011.582145 (2012).

11 Clark, L. et al. Differential effects of insular and ventromedial prefrontal cortex lesions on risky decision-making. Brain 131, 1311-1322, doi:10.1093/brain/awn066 (2008).

12 O'Doherty, J. et al. Beauty in a smile: the role of medial orbitofrontal cortex in facial attractiveness. Neuropsychologia 41, 147-155, doi:10.1016/s0028-3932(02)00145-8 (2003).

13 Zink, C. F. et al. Know your place: neural processing of social hierarchy in humans. Neuron 58, 273-283, doi:10.1016/j.neuron.2008.01.025 (2008).

14 Kim et al. (2023). Distinctive roles of medial prefrontal cortex subregions in strategic conformity to social hierarchy. Journal of Neuroscience, DOI: https://doi.org/10.1523/JNEUROSCI.0549-23.2023

15 Fantz, R. L. The origin of form perception. Sci Am 204, 66-72, doi:10.1038/scientificamerican0561-66 (1961).

16 Samuels, C. A. & Ewy, R. Aesthetic perception of faces during infancy. British Journal of Developmental Psychology 3, 221-228 (1985).

17 Kim, J. & Kim, H. Individual differences in interoceptive ability predict moral intuition toward group consensus. (In preparation)

18 von Mohr, M., Finotti, G., Esposito, G., Bahrami, B. & Tsakiris, M. Social interoception: perceiving events during cardiac afferent activity makes people more suggestible to other people's influence. PsyArXiv (2023).

19 Ohman, A. & Mineka, S. Fears, phobias, and preparedness: toward an evolved module of fear and fear learning. Psychological review 108, 483-522, doi:10.1037/0033-295x.108.3.483 (2001).

20 Garcia, J. & Koelling, R. A. A comparison of aversions induced by x-rays, toxins, and drugs in the rat. Radiat Res Suppl 7, 439-450 (1967).

21 Chapman, H. A., Kim, D. A., Susskind, J. M. & Anderson, A. K. In bad taste: evidence for the oral origins of moral disgust. Science 323, 1222-1226, doi:10.1126/science.1165565 (2009).

22 Andersen, S., Ertac, S., Gneezy, U., Hoffman, M. & List, J. A. Stakes matter in ultimatum games. American Economic Review 101, 3427-3439 (2011).

6장

1 Izuma, K., Matsumoto, K., Camerer, C. F., & Adolphs, R. (2011). Insensitivity to social reputation in autism. Proc Natl Acad Sci U S A, 108(42), 17302-17307. doi:10.1073/pnas.1107038108

2 Tamir, D. I., & Mitchell, J. P. (2012). Disclosing information about the self is intrinsically rewarding. Proc Natl Acad Sci U S A, 109(21), 8038-8043. doi:10.1073/pnas.1202129109

3 Jones, E. E., & Berglas, S. (1978). Control of attributions about the self through self-handicapping strategies: The appeal of alcohol and the role of underachievement. Personality and Social Psychology Bulletin, 4(2), 200-206.

4 Sznycer, D. (2019). Forms and Functions of the Self-Conscious Emotions. Trends Cogn Sci, 23(2), 143-157. doi:10.1016/j.tics.2018.11.007

7장

1 Addis, D. R., Wong, A. T. & Schacter, D. L. Remembering the past and imagining the future: common and distinct neural substrates during event construction and elaboration. Neuropsychologia 45, 1363-1377, doi:10.1016/j.neuropsychologia.2006.10.016 (2007).

2 Critchley, H. D. & Garfinkel, S. N. Interoception and emotion. Current opinion in psychology 17, 7-14, doi:10.1016/j.copsyc.2017.04.020 (2017).

3 Raichle, M. E. & Snyder, A. Z. A default mode of brain function: a brief history of an evolving idea. NeuroImage 37, 1083-1090; discussion 1097-1089, doi:10.1016/j.neuroimage.2007.02.041 (2007).

4 Mason, M. F. et al. Wandering minds: the default network and stimulus-independent thought. Science 315, 393-395, doi:10.1126/science.1131295 (2007).

5 Buckner, R. L., Andrews-Hanna, J. R. & Schacter, D. L. The brain's default network: anatomy, function, and relevance to disease. Annals of the New York Academy of Sciences 1124, 1-38, doi:10.1196/annals.1440.011 (2008).

6 Buckner, R. L., Andrews-Hanna, J. R., & Schacter, D. L. (2008). The brain's default network: anatomy, function, and relevance to disease. Ann N Y Acad Sci, 1124, 1-38. doi:10.1196/annals.1440.011

7 Fox, M. D., Corbetta, M., Snyder, A. Z., Vincent, J. L. & Raichle, M. E. Spontaneous neuronal activity distinguishes human dorsal and ventral attention systems. Proceedings of the National Academy of Sciences of the United States of America 103, 10046-10051, doi:10.1073/pnas.0604187103 (2006).

8 Smallwood, J., O'Connor, R. C., Sudbery, M. V. & Obonsawin, M. Mind-wandering and dysphoria. Cognition and Emotion 21, 816-842 (2007).

9 Thayer, J. F., Ahs, F., Fredrikson, M., Sollers, J. J. & Wager, T. D. A meta-analysis of heart rate variability and neuroimaging studies: Implications for heart rate variability as a marker of stress and health. Neuroscience and biobehavioral reviews 36, 747-756, doi:10.1016/j.neubiorev.2011.11.009 (2012).

10 Chalmers, J. A., Quintana, D. S., Abbott, M. J. & Kemp, A. H. Anxiety Disorders are Associated with Reduced Heart Rate Variability: A Meta-Analysis. Front Psychiatry 5, 80, doi:10.3389/fpsyt.2014.00080 (2014); Gorman, J. M. & Sloan, R. P. Heart rate variability in depressive and anxiety disorders. Am Heart J 140, 77-83, doi:10.1067/mhj.2000.109981 (2000).

11 Thayer, J. F., Ahs, F., Fredrikson, M., Sollers, J. J., & Wager, T. D. (2012). A meta-analysis of heart rate variability and neuroimaging studies: Implications for heart rate variability as a marker of stress and health. Neurosci Biobehav Rev, 36(2), 747-756. doi:10.1016/j.neubiorev.2011.11.009

12 Sakaki, M. et al. Heart rate variability is associated with amygdala functional connectivity with MPFC across younger and older adults. NeuroImage 139, 44-52, doi:10.1016/j.neuroimage.2016.05.076 (2016).

13 Holzel, B. K. et al. Differential engagement of anterior cingulate and adjacent medial frontal cortex in adept meditators and non-meditators. Neurosci Lett 421, 16-21, doi:10.1016/j.neulet.2007.04.074 (2007).

14 Slagter, H. A. et al. Mental training affects distribution of limited brain resources. PLoS

biology 5, e138, doi:10.1371/journal.pbio.0050138 (2007).

15 Attwell, D. & Laughlin, S. B. An energy budget for signaling in the grey matter of the brain. J Cereb Blood Flow Metab 21, 1133-1145, doi:10.1097/00004647-200110000-00001 (2001).

16 Lutz, A., McFarlin, D. R., Perlman, D. M., Salomons, T. V. & Davidson, R. J. Altered anterior insula activation during anticipation and experience of painful stimuli in expert meditators. NeuroImage 64, 538-546, doi:10.1016/j.neuroimage.2012.09.030 (2013).

17 Adolphs, R., Tranel, D., Damasio, H. & Damasio, A. Impaired recognition of emotion in facial expressions following bilateral damage to the human amygdala. Nature 372, 669-672, doi:10.1038/372669a0 (1994).

18 Barrett, L. F. How emotions are made: The secret life of the brain. (Houghton Mifflin Harcourt, 2017).

19 Seth, A. K. (2013). Interoceptive inference, emotion, and the embodied self. Trends Cogn Sci, 17(11), 565-573. doi:10.1016/j.tics.2013.09.007

20 Barrett, L. F., & Simmons, W. K. (2015). Interoceptive predictions in the brain. Nature Reviews Neuroscience, 16(7), 419-429. doi:10.1038/nrn3950; Seth, A. K. (2013). Interoceptive inference, emotion, and the embodied self. Trends Cogn Sci, 17(11), 565-573. doi:10.1016/j.tics.2013.09.007

21 Zaki, J., Davis, J. I. & Ochsner, K. N. Overlapping activity in anterior insula during interoception and emotional experience. Neuroimage 62, 493 – 499 (2012).

22 Bornemann, B., & Singer, T. Taking time to feel our body: stead increases in heartbeat perception accuracy and decreases in alexithymia over 9 months of contemplative mental training. Psychophysiology, 54, 469-482. https://doi.org/10.1111/psyp.12790 (2017).

23 Kleckner, I. R. et al. Evidence for a Large-Scale Brain System Supporting Allostasis and Interoception in Humans. Nature human behaviour 1, doi:10.1038/s41562-017-0069 (2017).

24 김학진. 이타주의자의 은밀한 뇌구조. (갈매나무, 2017).

25 Fleming, S. M. & Lau, H. C. How to measure metacognition. Frontiers in human neuroscience 8, 443, doi:10.3389/fnhum.2014.00443 (2014).

26 Bang, D. & Fleming, S. M. Distinct encoding of decision confidence in human medial prefrontal cortex. Proceedings of the National Academy of Sciences of the United States of America 115, 6082-6087, doi:10.1073/pnas.1800795115 (2018).

27 Hobot, J., Skora, Z., Wierzchon, M. & Sandberg, K. Continuous Theta Burst Stimulation to the left anterior medial prefrontal cortex influences metacognitive efficiency. NeuroImage 272, 119991, doi:10.1016/j.neuroimage.2023.119991 (2023).

28 Joensson, M. et al. Making sense: Dopamine activates conscious self-monitoring through medial prefrontal cortex. Human brain mapping 36, 1866-1877, doi:10.1002/hbm.22742 (2015).

29 Lee, S. W., Shimojo, S. & O'Doherty, J. P. Neural Computations Underlying Arbitration between Model-Based and Model-free Learning. Neuron 81, 687-699, doi:10.1016/j.neuron.2013.11.028 (2014).

30 Lou, H. C. et al. Dopaminergic stimulation enhances confidence and accuracy in seeing rapidly presented words. J Vis 11, doi:10.1167/11.2.15 (2011).

31 Joensson et al., (2015). Making sense: dopamine activates conscious self-monitoring through medial prefrontal cortex. Hum. Brain Mapp., 36 (2015), pp. 1866-1877

32 Lou, H. C. et al. Exogenous dopamine reduces GABA receptor availability in the human brain. Brain Behav 6, e00484, doi:10.1002/brb3.484 (2016).

33 Sinton, Christopher M. (2011). Orexin/hypocretin plays a role in the response to physiological disequilibrium. Sleep Medicine Reviews. 15 (3), 197-207.

8장

1 Nader, K., Schafe, G. E. & Le Doux, J. E. Fear memories require protein synthesis in the amygdala for reconsolidation after retrieval. Nature 406, 722-726, doi:10.1038/35021052 (2000).

2 Phelps, E. A. & Hofmann, S. G. Memory editing from science fiction to clinical practice. Nature 572, 43-50, doi:10.1038/s41586-019-1433-7 (2019).

3 Whalen, P. J. et al. The emotional counting Stroop paradigm: a functional magnetic resonance imaging probe of the anterior cingulate affective division. Biological psychiatry 44, 1219-1228, doi:10.1016/s0006-3223(98)00251-0 (1998).

4 Hyttel, J. Pharmacological characterization of selective serotonin reuptake inhibitors (SSRIs). Int Clin Psychopharmacol 9 Suppl 1, 19-26, doi:10.1097/00004850-199403001-00004 (1994).

5 Berger, M., Gray, J. A. & Roth, B. L. The expanded biology of serotonin. Annual review of medicine 60, 355-366, doi:10.1146/annurev.med.60.042307.110802 (2009).

6 Livermore, J. J. A. et al. A single oral dose of citalopram increases interoceptive insight in healthy volunteers. Psychopharmacology 239, 2289-2298, doi:10.1007/s00213-022-06115-7 (2022).

7 Gresch, P. J., Strickland, L. V. & Sanders-Bush, E. Lysergic acid diethylamide-induced Fos expression in rat brain: role of serotonin-2A receptors. Neuroscience 114, 707-713, doi:10.1016/s0306-4522(02)00349-4 (2002).

8 Von Mohr, M., Finotti, G., Esposito, G., Bahrami, B. & Tsakiris, M. Individuals with higher interoceptive accuracy are less suggestible to other people's judgements. PsyArXiv, doi:https://doi.org/10.31234/osf. io/d3wsf (2023).

9 Duerler, P., Schilbach, L., Stampfli, P., Vollenweider, F. X. & Preller, K. H. LSD-induced increases in social adaptation to opinions similar to one's own are associated with stimulation of serotonin receptors. Scientific reports 10, 12181, doi:10.1038/s41598-020-68899-y (2020).

10 Johnstad, P. G. The Psychedelic Personality: Personality Structure and Associations in a Sample of Psychedelics Users. J Psychoactive Drugs 53, 97-103, doi:10.1080/02791072.2020.1842569 (2021).

11 Keltner, D. & Haidt, J. Approaching awe, a moral, spiritual, and aesthetic emotion. Cognition & emotion 17, 297-314, doi:10.1080/02699930302297 (2003).

12 Piff, P. K., Dietze, P., Feinberg, M., Stancato, D. M. & Keltner, D. Awe, the small self, and prosocial behavior. Journal of personality and social psychology 108, 883-899, doi:10.1037/pspi0000018 (2015).

13 Stellar, J. E. et al. Awe and humility. Journal of personality and social psychology 114, 258-269, doi:10.1037/pspi0000109 (2018).

14 Piff, P. K., Dietze, P., Feinberg, M., Stancato, D. M., & Keltner, D. (2015). Awe, the small self, and prosocial behavior. J Pers Soc Psychol, 108(6), 883-899. doi:10.1037/pspi0000018

15 van Elk et al. The neural correlates of the awe experience: Reduced default mode network activity during feelings of awe. Human Brain Mapping 40, 3561 −3574, doi: 10.1002/hbm.24616 (2019).

16 Preston, J. L. & Shin, F. Spiritual experiences evoke awe through the small self in both religious and non-religious individuals. Journal of Experimental Social Psychology 70, 212-221 (2017).

그림 출처

21쪽 그림1 Plotnik JM, de Waal FBM, Reiss D. Self-recognition in an Asian elephant. Proc Natl Acad Sci U S A. 2006;103:17053-7. pmid:17075063

25쪽 그림2 https://www.statnews.com/2016/10/20/brain-rubber-hand-illusion

29쪽 그림3 Petkova, V. I., & Ehrsson, H. H. (2008). If I were you: Perceptual illusion of body swapping. PLoS One, 3(12), e3832. https://doi.org/10.1371/journal.pone.0003832

32쪽 그림4 Cascio, C. J., Foss-Feig, J. H., Burnette, C. P., Heacock, J. L., & Cosby, A. A. (2012). The rubber hand illusion in children with autism spectrum disorders: Delayed influence of combined tactile and visual input on proprioception. Autism, 16, 406-419

118쪽 그림14 Somerville et al., Cerebral Cortex, 2010; doi:10.1093/cercor/bhq049

122쪽 그림15 Yoon et al., Nature Communications, 2018; https://doi.org/10.1038/s41467-018-05553-2

160쪽 그림18 Rubenstein, A. J., Langlois, J. H., & Roggman, L. A. (2002). What makes a face attractive and why: The role of averageness in defining facial beauty. In G. Rhodes & L. A. Zebrowitz (Eds.), Facial attractiveness: Evolutionary, cognitive, and social perspectives (pp. 1-33). Ablex Publishing

161쪽 그림19 https://facelab.org/bcjones/Teaching/files/Perrett_1999.pdf

166쪽 그림20 Winkielman, P., Halberstadt, J., Fazendeiro, T., & Catty, S. (2006). Prototypes Are Attractive Because They Are Easy on the Mind. Psychological Science, 17(9), 799-806. https://doi.org/10.1111/j.1467-9280.2006.01785.x)

178쪽 그림23 Berlyne, D. E. (1971). Aesthetics and psychobiology. Appleton-Century-Crofts

190쪽 그림24 H. A. Chapman et al., In Bad Taste: Evidence for the Oral Origins of Moral Disgust. Science, 323,1222-1226(2009). DOI:10.1126/science.1165565

뇌는 어떻게 자존감을 설계하는가

초판 1쇄 발행 2023년 9월 20일

지은이 • 김학진

펴낸이 • 박선경
기획/편집 • 이유나, 지혜빈, 김선우
홍보/마케팅 • 박언경, 황예린
디자인 제작 • 디자인원(031-941-0991)

펴낸곳 • 도서출판 갈매나무
출판등록 • 2006년 7월 27일 제395-2006-000092호
주소 • 경기도 고양시 일산동구 호수로 358-39 (백석동, 동문타워 I) 808호
전화 • 031)967-5596
팩스 • 031)967-5597
블로그 • blog.naver.com/kevinmanse
이메일 • kevinmanse@naver.com
페이스북 • www.facebook.com/galmaenamu
인스타그램 • www.instagram.com/galmaenamu.pub

ISBN 979-11-91842-55-5/03400
값 20,000원